植物の生活史と繁殖生態学

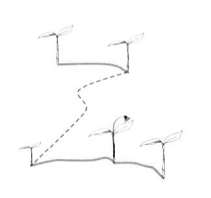

植物の生活史と繁殖生態学

大原 雅 著

海游舎

まえがき

　本書をまとめることになったきっかけから書こう。それは，2008年5月，本書を出版してくださった海游舎の本間さんご夫妻と北海道の早春の花たちを見る旅に出かけたときの会話にさかのぼる。その旅の道中，いろいろなことをお話ししたなかの一つに，以下のような話題があった。

　近年の植物生態学，特に繁殖生態学の進歩は目覚ましいものがある。生態学会の植物の繁殖生態・生活史のカテゴリーでは多くの若手研究者がレベルの高い発表を行い，そしてインパクトファクターの高い国際誌にも数多くの論文が掲載されている。小さな国，日本の研究者の研究成果が海外でも高く評価されることは，とても喜ばしいことである。その植物の繁殖生態・生活史の研究が飛躍的に伸びた理由としていくつかの要因が考えられる。一つは野外生態学においても分子生物学的テクニックが活用できるようになったこと。もう一つにはダーウィンの時代から注目されてきた植物の多様な性表現や交配様式の進化に関する理論的な概念が整ってきたこと，が考えられる。

　分子マーカーの開発・応用は，これまで野生植物では困難とされてきた花粉や種子を介しての遺伝子流動パターンの把握や他殖率や近交弱勢の推定を可能にしてくれた。また，性表現や交配様式の進化に関する研究においても，さまざまな先行研究を基礎とした仮説を設定し，花器官への資源投資や昆虫の訪花行動パターンなどを詳細に調査して，その仮説を検証するという研究アプローチが確立してきている。植物は固着性であるために，自ら積極的に移動することができない。しかし，配偶子や繁殖体の移動は非常にダイナミックであり，その実

態が明らかになることは革命的なことである．また22万種といわれる被子植物において，花の多彩な色，形，そして咲き方などが受粉様式の進化とどのように関連しているのか，なぜ動物と違って両性花が多いのか，どれだけ雌雄機能への資源投資が行われているのか，などは花の進化を考えるうえでは非常に興味深い事象である．

このような研究の発展，それ自体に異論を唱える気は毛頭ない．しかし，これまで「植物の生活史 (life history)」，すなわち「種」という個体の一群が「繁殖」という仕組みを通じて，どのように次の世代を生みだし，さまざまな環境のなかで持続的にどのように種個体群を維持しているのか，という問題に取り組んできた著者には，若干の危惧がある．たとえば，親個体で作られた種子は，その後親個体から離れ，地面に散布され，発芽，定着，成長という過程を経る．いったい，作られた種子のどれくらいが，次の成熟個体へと成長できるのであろうか？ または，どの花粉親から作られた種子も，その後同じように成長し，生き残るとは考えられない．繁殖生態にかかわる情報だけが精度を増しても，その後の成長，生存，死亡に関する情報が伴わなければ，その種の生きざまの全貌は明らかになってこない．それを明らかにするためには，個々の種や種個体群の成長，生存，死亡に関する情報，すなわち個体群生態学的な研究アプローチが不可欠となる．したがって，一つの植物の生活史の全容を明らかにするためには，やはり繁殖生態学と個体群生態学の二つの歯車がうまくかみ合うこと，そしてその生活史が維持されている生物的・物理的環境への適応の実態も総合して理解することが大切である．

その思いから，本書は植物の繁殖生態学と個体群生態学を中心に構成してある．しかし，この地球上の多様な環境に生育する植物群の生態を理解するためには，より幅広い生物学の知識も欠かすことができない．そこで，第1章では生命の誕生の歴史を，第2章では生物多様性を理解する群集レベルの生態学を紹介した．このような基礎生物学・生態学に関する内容は，著者がこれまで担当してきた一般教養の生物学や学部の生態学の講義ノートの一部をまとめたものである．あ

りがたいことに，著者が現在北海道大学の高等教育課程（教養課程）で担当している「基礎生物学Ⅱ」は，学生の講義評価（基礎科目）でナンバー・ワンに選ばれた。この講義をこれまで受講しているのは医学部・歯学部・水産学部・工学部の1年生たちである。将来必ずしも私と接点があるとは思えない分野の学生たちから毎年高い評価を受けていることは大変嬉しく思っている。

　この講義の大切さを実感し，講義のノウハウを身につけることができたのは，著者が東京大学・駒場キャンパスに在職中である。東大・駒場は教養部として東大に入学した学生たちに対して多彩な講義が開講されており，担当講義数も多く，その準備は非常に大変であった。当時，駒場のマクロ生物系は高橋正征先生，松本忠夫先生，嶋田正和先生と著者で構成されていた。皆さんお忙しい方々ばかりであったが，先生たちはどんなに忙しいときでも，いつも事前に丁寧なプリントを作成し，講義をされていた。著者は，それを見習うような形で駒場での講義を始め，それがいまの著者の講義形態に行き着いた。雨の降るなか，傘をさしながら何百枚ものプリントを抱えて，教室に向かったのを懐かしく思う。最近の講義ではパワーポイントを用いて講義を行うケースが多いが，今でもプリントはパワーポイントの打ち出しではなく，切り貼りしたものをコピーして準備している。

　第3章では，花の構造，受精様式，個体性の認識など，植物の生活史を特徴づける形質や，生活史研究上理解しておかなくてはいけない基礎知識を整理した。植物の生活史にかかわる用語も多様であり，繁殖回数，花の部位，性表現，ラメット，ジェネット，クローン構造など，混乱して用いられる用語にも配慮したつもりである。第4章以降は，植物の生活史研究の核心に入っていく。まず第4章では，植物の個体群の時空間的な調査・解析を具体的な事例とともに紹介した。特に長期モニタリングデータに基づく推移確率行列は，現在各地で展開されている長期生態研究（LTER：Long Term Ecological Research），たとえば2003年から環境省自然環境局生物多様性センターにより行われている「重要生態系監視地域モニタリング推進事業（モニタリン

グサイト1000）」（通称 モニ1000）のデータ解析にも参考になると思う。第5章では生物一般における無性生殖と有性生殖の進化的意義と植物における多様な無性繁殖を紹介した。第6章では植物における有性繁殖に焦点を絞り，両性花における自殖と他殖の役割，また他殖を行うための花の形態的・機能的の適応進化，花粉媒介者との相互作用，種子結実までに至るさまざまなトピックを取りあげた。

　第7章から第9章までは，メインタイトルを「繁殖様式と個体群の遺伝構造」とした。第9章で，冒頭で述べた繁殖生態学と個体群生態学の二つの側面に集団遺伝学的解析方法を融合した実際の生活史研究の事例を「実践編」として紹介する。その前段階として，第7章では集団遺伝学の基礎概念を「基礎知識編」として，第8章では，近年，植物生態学で用いられているさまざまな分子遺伝マーカーの有効性を「解析方法編」として紹介している。マイクロサテライトマーカーなどの最近の分子遺伝マーカーに関する知識は，ポストドクで広島大学からきてくれた亀山慶晃さんからいろいろと教示を受けた。第9章の「実践編」では著者の研究室でこれまで多くの学生たちとともに行ってきた研究の一部を紹介した。オオバナノエンレイソウの研究は大野陽子さん，武田治子さん，田沢暁子さん，塩尻かおりさん。スズランの研究は，山田悦子さん，荒木希和子さん。オオウバユリの研究は，岡安太郎君，吉實朋子さん，鳴海匡君，西澤美幸さんたちが中心に進めてくれた研究成果である。また，前後してしまうが，第6章の結実のメカニズムのなかで紹介しているバイケイソウの交配実験は，加藤優希さんの研究成果である。

　近年の生態学のもう一つの大きな潮流は保全生態学である。自然環境の保全が学問になってよいのか？　という気もするが，これ以上自然環境が悪化しないようにすること，そしてこれまで破壊してきた自然環境の「適切な」修復，に関して学問の果たす役割は大きい。保全生態学で重要なのが，長い歴史のなかで多様な環境に適応進化してきた生物たちの生活史が，近年の環境変動に対してどのような反応を示すかを正確に把握することである。特に，植物は移動によりその環境

変動を回避することができないため，その環境変動の影響を短期的にとらえるのが難しい．したがって，環境変動の長期的な影響を的確に把握するためには，まずその植物の基本的な生活史を正確に把握しておく必要がある．第10章では，オオバナノエンレイソウの生活史研究を基礎として，現在生じている開発による群落の分断・孤立化がオオバナノエンレイソウ個体群の存続に与える影響を評価する具体的な研究事例を紹介した．ここで紹介する内容は，富松裕君の研究が中心になっている．

最終章（第11章）では，現在，著者の研究室で取り組んでいるオオバナノエンレイソウの生活史研究の成果に基づく環境教育の事例を紹介した．これまで長年行ってきたオオバナノエンレイソウの生活史研究から，保全生態学的研究へと発展してきた研究成果を，長年調査の協力をしてくださった地域の住民の方々に何らかの形で恩返しできればと思い始めた事業である．生活史研究から環境教育へ展開はまだまだ模索している状態であるが，研究機関‐地方自治体‐地域住民の間でうまく連携をとって展開することができた著者らの取り組みを紹介することで，日本各地に地域に根ざした環境教育の一助になることを願っている．この環境教育の事業では，八幡かおりさんを中心に北海道広尾町の小学生向けにオオバナノエンレイソウの生活史を紹介するパンフレット，そのパンフレットを教材として解説するための教員向けの指導書を作成した．また，オオバナノエンレイソウの群生地での野外観察会は研究室全員で実施した．これらの事業の推進に際しては，「財団法人 環境科学総合研究所」と「財団法人 日本自然保護協会」からの助成をいただいた．ここに記してお礼を申し上げたい．

また，本書は11章からなるが，奇数章の後に「Coffee Break」というコラムを設けさせていただいた．内容は研究に関することではないので，気楽に読んでいただきたい．ただ，このコラムを読んでいただくと，著者がこれまでの人生のなかで多くの方たちに助けられて生きてきたことがわかっていただけると思う（もちろん，これらのコラムでお世話になったすべての方々を紹介はできていないが）．その方々

への感謝の気持ちと，研究者であるとともに人間であること，そして一人の人間が生きていくうえで，多くの人々との交わり，助け合いが大切であることを若い読者に知っていただきたく，書いた．

　書き上げてみると，もっともっと勉強しなくてはいけなかったことばかりが，気になる．しかし，これが著者の現状の精一杯の実力であることも認めざるをえない．もしも，またこのような執筆の機会をいただけたら，次にはさらに勉強するとともに，本書では書ききれなかった，これまで頑張って一緒に研究してくれた多くの学生たちの研究成果も紹介したいと思っている．

　いずれにしても，私に本を執筆する機会をくださった海游舎の本間喜一郎さん，陽子さんご夫妻には本当に感謝したい．まえがきの原稿を読まれて，本間さんご夫妻は「私たちは黒子に徹したい」と言われた．確かに，出版社としてはそういうスタンスが普通なのかもしれない．しかし，実際に，執筆から出版までの過程を終えてみると，これはとうてい著者一人の努力でできるものではなかった．本にはいろいろな出版形態があると思うが，少なくとも本書に関しては，今ふうに言うと「3人のコラボ」で完成したと信じている．なので，著者のわがままで，まえがきにお二人のお名前を残させていただいた．本の執筆は別としても，これからもお二人と一緒にいろいろな植物を見る旅ができればと願っている．

　　2010年1月31日
　　　　サバティカル研修最後の日，翌日は52度目の誕生日

大原　雅

目 次

1章 生命の連続性と生物の多様性
- 1-1 地球の誕生　1
- 1-2 生命の誕生　3
- 1-3 最初の生物　5
- 1-4 真核生物の登場　6
- 1-5 多細胞生物の登場　8
- 1-6 動物のカンブリア紀爆発（多様化）　9
  - Box 1-1　細胞内共生　10
- 1-7 生物の陸上への進出と植物の多様な進化　11
  - Box 1-2　細胞間のコミュニケーションの進化　12
- 1-8 植物における生命の連続性　17
  - Coffee Break　河野昭一先生との出会い　18

2章 群集レベルの変化と多様性
- 2-1 群集の概念　19
- 2-2 群集の境界　20
- 2-3 群集内の種間関係　23
  - 2-3-1 分布域から見た種の関係　23
  - Box 2-1　類似度の評価の難しさ　25
  - 2-3-2 競争と共存　26
  - Box 2-2　Gauseの競争排除則（competitive exclusion）　28
  - 2-3-3 捕　食　31
  - 2-3-4 共　生　32
- 2-4 指標種とキーストーン種　34
- 2-5 群集の変化をもたらす要因　36
- 2-6 極相と撹乱　37

3章 植物の生活史の基礎知識
- 3-1 一生の長さ　41
- 3-2 繁殖回数　42

3-3　花の構造　42
　　　　　Box 3-1　花の器官形成の分子メカニズム　43
　　3-4　性表現　46
　　3-5　植物における個体性　48
　　　　　Coffee Break　フレッド・ユーテックさんとの出会い　49

4章　植物の個体群構造
　　4-1　生命表と生存曲線　52
　　4-2　個体群の成長　54
　　4-3　個体群を調節する要因　57
　　4-4　個体群の成長と生活史戦略　58
　　4-5　ステージ（サイズ）・クラス構造　61
　　4-6　個体群動態と行列モデル　66
　　　　　4-6-1　個体の追跡調査　66
　　　　　4-6-2　推移確率行列　66
　　　　　4-6-3　行列モデルの作成　68
　　　　　Box 4-1　種子休眠と埋土種子　69
　　　　　4-6-4　エンレイソウの個体群動態　70
　　　　　4-6-5　行列モデルを用いた個体群動態の評価　73
　　4-7　空間構造　76

5章　有性生殖と無性生殖
　　5-1　植物に見られる無性生殖　79
　　　　　5-1-1　アポミクシス　79
　　　　　Box 5-1　セイヨウタンポポと在来タンポポ　80
　　　　　5-1-2　栄養繁殖　81
　　5-2　無性生殖の利点　83
　　5-3　有性生殖の利点　85
　　　　　Box 5-2　繁殖競争と性選択　89
　　　　　Coffee Break　島本義也先生との出会い　90

6章　植物の繁殖様式
　　6-1　自殖の有利性　91
　　6-2　自殖を避けるためのメカニズム　94
　　　　　6-2-1　雌雄離熟と雌雄異熟　94
　　　　　6-2-2　自家不和合性　95
　　6-3　閉鎖花と開放花　97
　　　　　Box 6-1　重複受精　98
　　6-4　ポリネーション・シンドローム　100

　　　　　　　　6-4-1　報　酬　100
　　　　　　　　6-4-2　広　告　101
　　　　6-5　結実のメカニズム　103

7 章　繁殖様式と個体群の遺伝構造（基礎知識編）

　　　7-1　ハーディー・ワインバーグ平衡　107
　　　7-2　遺伝的多様性　108
　　　7-3　ハーディー・ワインバーグ平衡を乱す要因　109
　　　　　　Box 7-1　ハーディー・ワインバーグの法則を適用してみる　110
　　　　　7-3-1　突然変異　111
　　　　　7-3-2　遺伝子流動　111
　　　　　　　（a）　花粉による遺伝子流動　112
　　　　　　　（b）　種子による遺伝子流動　116
　　　　　7-3-3　近親交配　119
　　　　　7-3-4　遺伝的浮動と有効集団サイズ　120
　　　　　7-3-5　選　択　122
　　　　　Coffee Break　高校時代の仲間との出会い　124

8 章　繁殖様式と個体群の遺伝構造（解析方法編）

　　　8-1　アイソザイム分析　125
　　　　　8-1-1　集団遺伝学的サンプリング　126
　　　　　8-1-2　個体群統計遺伝学的サンプリング　126
　　　8-2　父系解析（マイクロサテライトマーカー）　127
　　　　　8-2-1　マーカーの選択　128
　　　　　8-2-2　調査区の設置　129
　　　　　8-2-3　解析方法　130
　　　8-3　クローンの識別（AFLP分析）　131
　　　　　8-3-1　マーカーの選択　131
　　　　　8-3-2　DNAの抽出方法と抽出部位　132
　　　　　8-3-3　クローンの識別方法　133
　　　　　Box 8-1　知っておきたい基礎遺伝学用語（その1）　134

9 章　繁殖様式と個体群の遺伝構造の解析（実践編）

　　　9-1　多回繁殖型多年生植物：オオバナノエンレイソウを例に　136
　　　9-2　一回繁殖型多年生植物：オオウバユリを例に　139
　　　9-3　クローナル植物：スズランを例に　143
　　　　　Box 9-1　知っておきたい基礎遺伝学用語（その2）　148
　　　　　Coffee Break　広尾町との出会い　149

10章 保全生態学における生活史研究の重要性

- 10-1 個体群の衰退と絶滅の要因　151
  - Box 10-1　大規模絶滅の歴史と要因　155
- 10-2 生育地の分断・孤立化　157
- 10-3 種子生産数の減少　158
  - Box 10-2　メタ個体群　159
- 10-4 個体群構造の変化　160
- 10-5 遺伝的劣化　161
- 10-6 個体群の存続可能性　162
  - Box 10-3　分断化された個体群の保全・管理計画　164

11章 生活史研究を基礎とした環境教育への取り組み

- 11-1 日本における環境教育の流れ　165
- 11-2 小学校における環境教育　166
- 11-3 教材パンフレットの作成　168
- 11-4 野外観察会の実施　171
- 11-5 指導書の作成　174
- 11-6 今後の展望　176
  - Dessert Time　学生たちとの出会い　178

引用文献　179

索　引　189

1章
生命の連続性と生物の多様性

　私たちが生きているこの地球には，現在約 1,000 万種もの多様な生物が生きている。まずこの章では，46 億年前に誕生したとされている地球の歴史と，生命の進化の歴史をたどってみることにしよう。この本は植物生態学の本では？　と思う読者の方も多いと思うが，この地球上における植物の進化は，生活の土台となる大地（地球）とのかかわり合いの歴史と密接に関係している。しかし，この章は高等学校などで理科を勉強してきた（つもりの）著者の知識が，あまりにも断片的で，整理されていなかったことへの反省の意があり，決して読者の皆さんへの押しつけではない。もしも，「なるほど」と思っていただける読者がいてくれれば，この章を設けた意味があった。

1-1　地球の誕生

　図 1-1 に地球誕生のプロセスを示した。最初は直径 1,500 km ほどの鉄とニッケルの合金が核となり，その表面に微惑星が衝突・破壊・合体を繰り返し，地球が大きく，成長していった。原始地球が現在の大きさに近いものになるころには，地球の表面はマグマで覆われるほどの高温になると同時に，惑星が地球に衝突する際には，惑星に含まれていた揮発性成分が蒸発して，原始大気が地球の表面を覆うようになった。ただし，大気といっても現在の地球の大気と大きく異なっていたのは，原子大気は二酸化炭素（CO_2）と水蒸気のみによって構成され，酸素（O_2）は存在しなかった。やがて，太陽系から微惑星が枯渇し，衝突の頻度が

減るとともに，大気の温度も下がり始め，マグマから鉱物が晶出し，それらが集まり，固まって岩石ができ，地殻ができ上がる。さらに温度が下がると，水の凝結が起こり，水蒸気は雨となって地表面に降り，原始の海となったと推定される。今では，多くの生命の維持に必要不可欠な酸素（O_2）が存在しない，そんな地球からどのようにして，生命が誕生していったのであろうか。以下に，地球生命史を順にたどってみよう（図1-2）。

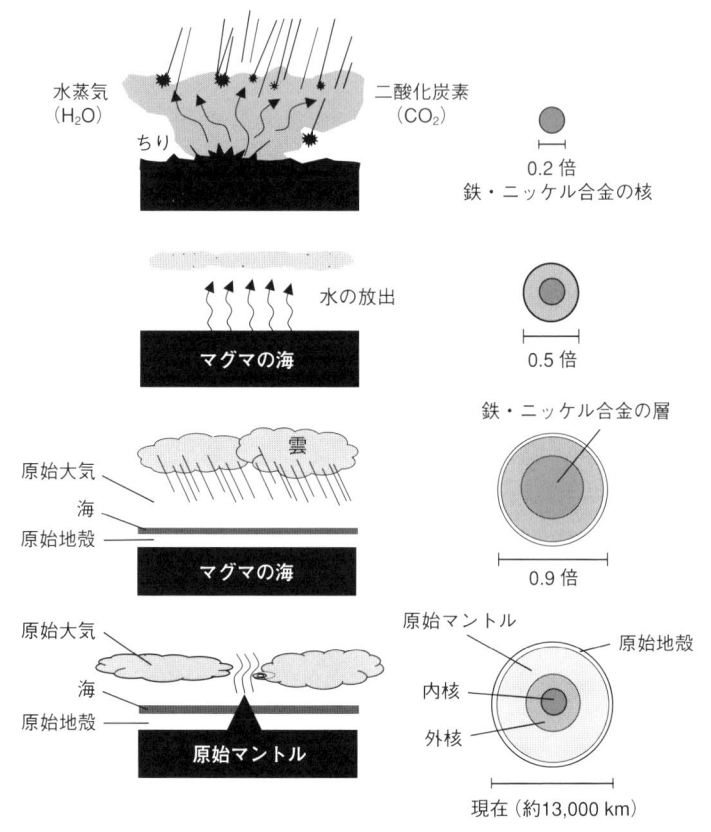

図1-1 地球誕生の歴史（松井1990を改変）。今から約46億年前，原始太陽系のなかで「原始地球」が誕生した。原始星雲のなかのダストが固まって微惑星を作り，微惑星はさらに衝突と合体を繰り返し，雪だるま式に大きくなっていった。こうして原始地球が作られた。

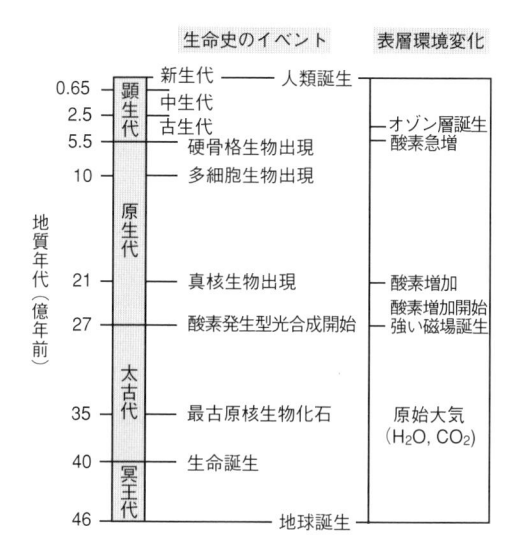

図 1-2 地球の生命史年表。地球の歴史には「生命誕生」,「原核生物の誕生」,「酸素発生型光合成の開始」,「真核生物の登場」,「多細胞生物の出現」,「硬骨格生物の出現」など,生物の進化にとっての大きな転換期が存在する。

1-2 生命の誕生

　地球上の生命は,アミノ酸が連なってできた高分子のタンパク質と,核酸塩基がリボースという糖とリン酸を介して連なった核酸からできている。生命がこの地球上に登場したのは,今からおよそ35億年前と考えられている。宇宙空間には,窒素 (N),炭素 (C),水素 (H),酸素 (O),リン (P) などの生命体構成に深くかかわる元素のほか,アルコールやメタンなどの分子も宇宙空間には相当量存在する。この材料から「生命分子の誕生」のシナリオを明らかにしたのが,ユーリー (Urey) とミラー (Miller) が1958年に行った実験である (図1-3)。彼らは,水素,メタン,アンモニア,一酸化炭素,二酸化炭素,窒素,水という原子地球を想定した混合気体に,雷のシミュレーションとして火花放電を行い,原始の地球で生命を形作るのに必要な有機物が合成されることを示した。特に,この実験で比較的多く合成されたアラニンなどは,現存生物の生化学反応において大切な役割を果たす酵素の主要な要素にもなっている (表1-1)。その後ほかの科学者によって同様の実験が行われ,グリシン,アラニン,グルタミン酸,バリン,プロリン,アスパラギン

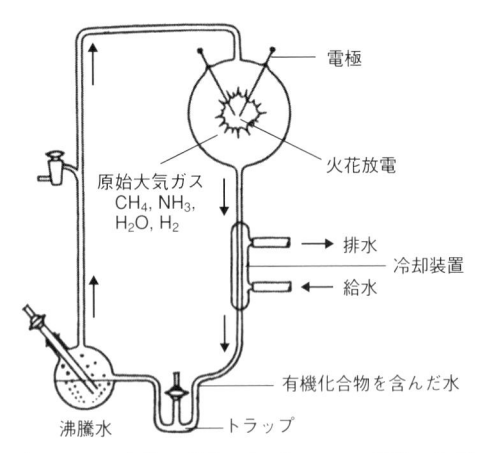

```
                  ┌─── 電極
                  │
                  │─── 火花放電
原始大気ガス
CH₄, NH₃,
H₂O, H₂
                        ─── 排水
                        ─── 冷却装置
                        ─── 給水

                        ─── 有機化合物を含んだ水
沸騰水    トラップ
```

図 1-3 ユーリーとミラーの実験デザイン（Miller 1953, Miller & Urey 1959）。彼らは，メタン，アンモニア，水蒸気，水素の混合気体中で放電を行うことにより，アミノ酸などの有機物（表1-1参照）が生成されることを初めて実験で示した。

表 1-1 ユーリー・ミラーの火花放電実験によって得られた有機化合物

化合物	収量（μモル）	化合物	収量（μモル）
グリシン	440	a-γ-ジアミノ酪酸	33
アラニン	790	a-ヒドロキシ-γ-アミノ酪酸	74
a-アミノ-n-酪酸	270	サルコシン	55
a-アミノイソ酪酸	～30	N-エチルグリシン	30
バリン	20	N-プロピルグリシン	～2
ノルバリン	61	N-イソプロピルグリシン	～2
イソバリン	～5	N-メチルアラニン	～15
ロイシン	11	N-エチルアラニン	＜0.2
イソロイシン	4.8	β-アラニン	18.8
アロイソロイシン	5.1	β-アミノ-n-酪酸	～0.3
ノルロイシン	6.0	β-アミノイソ酪酸	～0.3
t-ロイシン	＜0.02	γ-アミノ酪酸	2.4
プロリン	1.5	N-メチル-β-アラニン	～5
アスパラギン酸	34	N-エチル-β-アラニン	～2
グルタミン酸	7.7	ピペコリン酸	～0.05
セリン	5	a,β-ジアミノプロピオン酸	6.4
トレオニン	～0.8	イソセリン	5.5
アロトレオニン	～0.8		

酸などのアミノ酸を含めた30種類以上もの炭素化合物が生成されることが確認された。繰り返しになるが，アミノ酸はタンパク質の基本構築単位であり，タンパク質は生物体を構成する主要な分子の一つである。このように，生命の鍵となる主要な分子は，原始地球の大気中で形成され，水蒸気が雨となってできた原始の海に溶け込んでいったと考えられる。

　これで，地球上に生命体を作り上げる材料と舞台はできた。しかし，この材料（アミノ酸とタンパク質）と舞台（環境）で，仮に偶然の産物として生命体が誕生したとしても，その生命が一時的に存在するのでは意味がない。生命の本質は，自己複製能力をもち，継代あるいは繁殖によりその遺伝情報を伝達するということである。したがって，誕生した各生命体は，細胞，個体レベルでの自らがおかれた環境に適応した，生活史の進化が必要となるのである。

1-3　最初の生物

　地球上に現れた最初の生命体は原核生物（prokaryote）で，その登場は約35億年前と考えられている。その根拠としては，古代ラン藻類の微化石が西オーストラリアの35億年前の岩石から発見されているほか，原始的なラン藻のコロニーからできたと考えられるストロマトライトと呼ばれる岩石が同じく35億年前に形成されていることである。原核生物は，後述する真核生物とは異なり基本的に単細胞性であり，細胞内の構造を欠き，細胞膜は硬い細胞壁で包まれ，DNAは膜で囲まれた核の中には存在しない。このように原核生物は構造的には最も単純だが，数のうえでは現在約5,000種もが知られている大きな生物群である。地球上の生命は，生態系における生物的環境と物理的環境の間の化学物質の循環に大きく依存している。原核生物および菌類は，この化学循環において多くの重要な役割を果たしている。

　原核生物は成長と増殖に必要なエネルギーや栄養を獲得するためにさまざまな機能を進化させてきた。原核生物の多くは独立栄養生物で，無機の二酸化炭素を炭素源とし，太陽光エネルギーを使って光合成を行

い，二酸化炭素から有機分子を作り出す。なかでも，ラン藻（シアノバクテリア）は，光を捕捉する色素としてクロロフィルaを，そして電子供与体に水を用い，光合成の副産物として酸素を放出する。この現在では当たり前のように行われている，酸素発生型の光合成を行うラン藻こそが，太古の地球の環境を変えた生物の進化の立役者なのである。

　もう一度，原核生物が出現したときの地球環境に頭を切り換えてみよう。この酸素発生型の光合成が始まったのが約27億年前と考えられている。その当時の地球は，現在とは異なり，太陽光が強く，またオゾン層がないためDNAを損傷させる有害な紫外線が直接降り注ぎ，陸上はおろか，海洋表層部でも生物の生存は困難であった。したがって，原核生物の生息域は深海，熱水活動域に限られていた。そのようななかで，ラン藻が登場し，光合成による遊離酸素が海水中に放出されるようになり，地球表面の環境が大きく変化していったのである。

　しかし，今では多くの生物にとってありがたい酸素も，嫌気的環境で生育している原生生物にとっては，酸素はあくまでも光合成を行った際の廃棄物であり，極端に言えば当時は「有害物質」であったに違いない。その有害物質の酸素が，なぜ，現在の生物にとっては必要不可欠のものになったのであろうか。その謎は，エネルギーの獲得量にある。

発酵　　　$C_6H_{12}O_6 \longrightarrow 2\,C_2H_5OH + 2\,CO_2 + 2\,ATP$
呼吸　　　$C_6H_{12}O_6 + 6\,O_2 \longrightarrow 6\,CO_2 + 6\,H_2O + 38\,ATP$

つまり，嫌気分解である発酵で得られるエネルギー量は2 ATPであるのに対し，有機物を酸化分解する呼吸で得られるエネルギー量は発酵の19倍の38 ATPなのである。このエネルギーの活用が，その後の生物の形態と機能における大きな変化を促すことになる。

1-4　真核生物の登場

　化石情報によると，15億年以上前のすべての原核生物は直径が0.5〜2.0 μmと小さく単純な細胞（原核細胞）であるのに対し，15億年前の岩石から発見された化石の細胞は，原核生物のものよりはるかに大きく，10 μm以上の細胞が急速に，大量に増加している。これが，真核細

胞である。ヒトを含むあらゆる動物，植物，菌類，原生生物の細胞は真核細胞である。原核生物では，ほとんどの遺伝物質は1本の環状DNA分子に存在し，通常DNAは細胞中心部付近の核様体と呼ばれる部分にある。これに対して，真核細胞のDNAは，核膜と呼ばれる二重膜構造によって囲まれた核の内部に存在する。核は細胞の活動を支配する遺伝情報の保管場所であり，核はその重要なDNAを外界から保護しているとも考えられる。真核生物の構造は明らかに原核細胞よりも複雑であり，そのなかでも顕著な特徴は，細胞内部が広範囲に張りめぐらされた細胞内膜系と細胞小器官によって区画化されていることである。それぞれの，細胞小器官の機能はここでは省略するが，さまざまな役割を果たす小器官が備わっていることが，細胞が大きくなった一因である（図1-4）。

　では，なぜ，さまざまな役割をもつ細胞小器官が必要になったのだろうか。真核細胞には，核と同じようにDNAを含んでいる興味深い細胞内小器官がある。それが，ミトコンドリアや葉緑体である。ミトコンドリアは，すべての真核細胞に存在する呼吸のための小器官で，2枚の膜によって囲まれている。この細胞内にミトコンドリアをもつことによって，生物は呼吸を通じてより高いエネルギーを獲得できるようになったのである。ミトコンドリアは，独自のDNAをもっている。このDNAには，呼吸による酸化分解においてミトコンドリアが果たす役割に必要不可欠なタンパク質をコードする遺伝子が含まれている。興味深いことに，真核細胞は分裂するときに新たにミトコンドリアを作り出すのではなく，ミトコンドリア自身が二つに分裂することによってその数を倍加させた後，細胞分裂によってできる新しい細胞に分配される。

　一方，葉緑体は，光合成を行う植物とほかのいくつかの真核生物の細胞に存在する。葉緑体は，光合成色素であるクロロフィルをもち，自分自身で栄養分を作り出すことができる。葉緑体もミトコンドリアと同じように2枚の膜で囲まれており，独自のDNAをもち，光合成に必要なタンパク質のなかには葉緑体内部で完全に合成されるものもある。

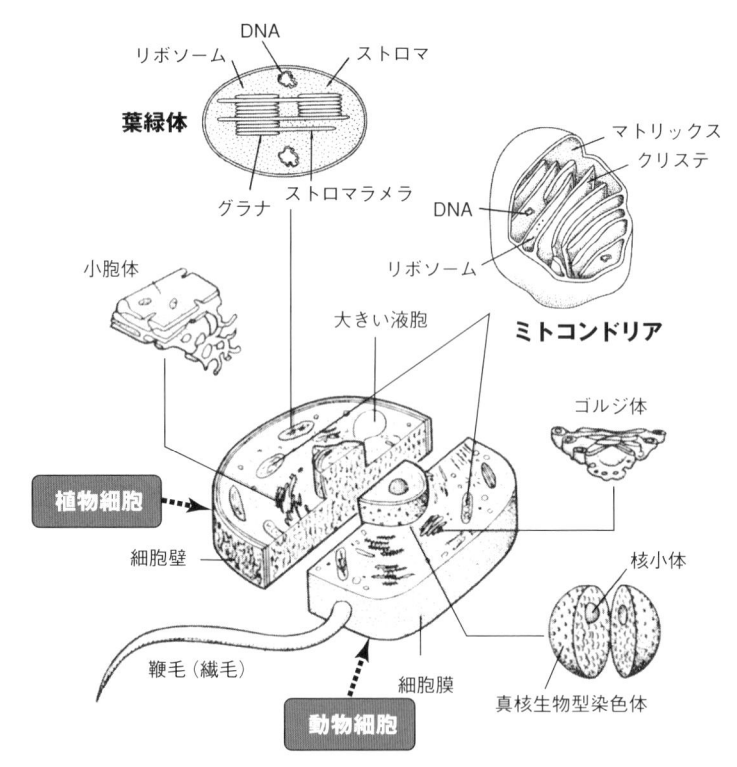

図1-4 動物細胞と植物細胞。真核細胞は明瞭な核と細胞小器官をもつ。植物細胞（左）には葉緑体とミトコンドリアがあり，動物細胞（右）にはミトコンドリアしかない。葉緑体もミトコンドリアも独自のDNAと原核生物型のリボソームをもっている。

1-5 多細胞生物の登場

　私たちがふだん目にする生物たちは，動物でも植物でも多くの細胞が寄り集まってできている。細胞は生物の基本単位であり，すべての生物は細胞から成り立っている。たった一つの細胞からなる「単細胞生物」もいれば，たくさんの種類の異なる細胞を集合させて，互いに連絡を取り合って個体を営む「多細胞生物」もいる。単細胞生物である原生動物，たとえばゾウリムシでは，1個の細胞でものを食べたり，代謝したり，分裂したり，動いたり（移動したり），すべてのことを一つの細胞

が行っている。原核細胞から進化した真核細胞は，細胞の大型化，さらには細胞内小器官の複雑化により，DNA含量も増加した。しかし，生物の多様化をもたらしたのは，多細胞化による「細胞の分業」の確立である。つまり，いくつかの単細胞性真核細胞が，ほかの細胞と群体を形成し，それぞれの細胞群が異なった役割を果たすようになると，その群体は1個体としての特徴をもつことになる。この多細胞化は，藻類や菌類などの多細胞生物の化石の発見，そして小動物の這い跡の化石が発見されたことに裏づけられている。這い跡の発見とは，すなわち移動するための細胞が存在したということである。多細胞化にはある細胞が特定の仕事を行い，そしてほかの細胞が別の仕事をするという個体のなかでの分業化を推進するという，大きな利点が存在する。この分業化の促進により，藻類のように，光合成により独立栄養する生物だけではなく，従属栄養する生物も登場するようになる。特に，細胞の機能が多彩で，種類も多い動物の細胞について考えてみても，(1) 獲物の位置を認知する感覚器と刺激情報を処理する→脳・神経系の発達，(2) 獲物を捕らえるための運動能力→筋肉組織・呼吸循環器系の充実。平行して，水中の溶存酸素量の増大，(3) 殻をもつ獲物への攻撃→強靭な顎などの破壊装置や溶かす化学物質分泌器官など，多細胞化によってもたらされた「細胞の分業化」は，生物進化に大きなインパクトを与えた。

1-6　動物のカンブリア紀爆発（多様化）

　化石の研究により，動物の著しい多様化は，カンブリア紀のはじめころに起こったと考えられており，事実，ほとんどの動物の体制は，5億4千万年前から5億2千万年前のカンブリア紀の堆積岩から発見されている。この時期に生じた動物の多様化は，カンブリア紀爆発（Cambrian explosion）と呼ばれる。この爆発的な多様化の理由の一つとして考えられているのが，捕食者と被食者の間の軍拡競争である。これは，被食者の防御としての硬骨格（よろい）の発達と，捕食者の運動性や捕食効率の向上によるものである。別の要因として考えられているのが，この時期に海洋における溶存酸素量やミネラルが上昇することによる酸素呼吸

Box 1-1　細胞内共生

　原核細胞から真核細胞への進化には「内生説」と「共生説」の二つの説がある。「内生説」は，原核細胞生物の内部の機能が分化し，細胞内膜系が複雑化したと考えるものであるが，現在では，「共生説」が多くの証拠から支持されている。共生とは異種の生物が密接な関係をもって一緒に生活することである。「共生説」は，真核細胞の細胞小器官のいくつかが，真核生物の先駆けとなった原核生物に別の原核生物が取り込まれたと考える説である。マーギュリス（Margulis）は1970年に，取り込まれた原核生物は共生の相手である宿主に対し，独自の物質代謝能力とともにいくつかの利点を提供したことを明らかにした。その根拠となっているのが，ミトコンドリアと葉緑体である。ミトコンドリアは酸化代謝ができる細菌類を，そして，葉緑体は光合成細菌に由来すると考えられる。また，ミトコンドリアと葉緑体はともに2枚の膜構造をもつことから，内膜は，おそらく取り込まれた原核細胞の細胞膜に由来し，一方で外膜は宿主細胞の細胞膜または小胞体に由来していると考えられる。

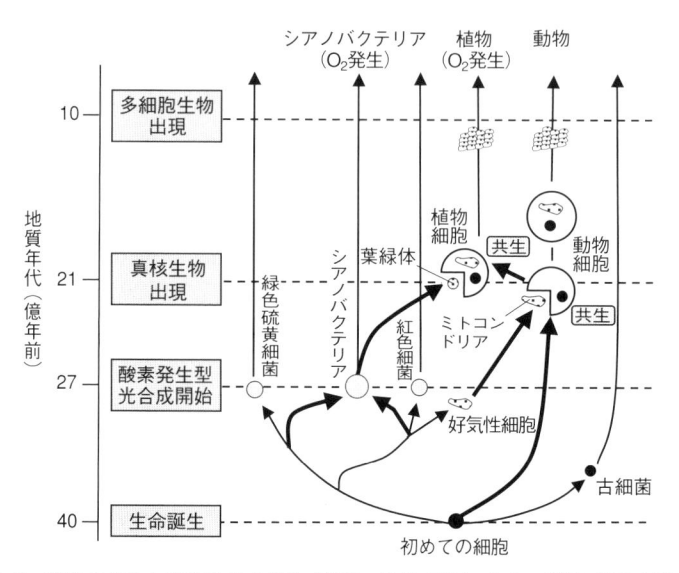

図1-5　細胞の共生と真核生物の誕生（伊藤・岩城 原図；丸山・磯崎 1998を改変）。

> (Box 1-1 続き)
>
> 　今日では，多くの生物種でミトコンドリアや葉緑体のDNAの一次配列が決定されている。ここで興味深いのは，このDNAを見ると，ミトコンドリアや葉緑体には自己複製系として核からの独自性を保つための最小限の基礎遺伝子と，呼吸系や光合成系で重要ないくつかの遺伝子を保有しているほかは，構成遺伝子の数は大変少なく，多くの原核生物型の遺伝子は，核に依存（移動）している。したがって，生物の進化においては，どの遺伝子をミトコンドリアや葉緑体に残し，どの遺伝子を核に移動させるかという割り振りが行われたに違いない。この選択が偶然か，あるいは必然かは不明であるが，数億年前に分岐したと考えられる高等植物と地衣類の葉緑体DNAの遺伝子構成の種類を比較しても，非常によく保存され，また両者に差が認められない。このことが，近年の植物の系統進化学的研究において，ミトコンドリアと葉緑体のDNAを指標としてその解析が行われる理由となっている。

の効率上昇，そしてそれによってもたらされる運動能力の向上も，体制の著しい多様化において見逃せない事実である。

　このほか，近年の分子遺伝学の進展により，動物の体制上の変化の多くは，胚の発生中における *Hox* 遺伝子（ホメオボックスをもつ遺伝子）群の発現の場所と時間の違いによってもたらされることが，明らかになってきた。近年，進化生物学（evolutionary biology）と発生生物学（developmental biology）による新しい研究分野 Evo-Devo（エボデボ）の見地からは，カンブリア紀爆発は，*Hox* 遺伝子群の進化を反映しており，これにより体制上の急激な変化をもたらす手段が確立されたとも考えられている。

1-7　生物の陸上への進出と植物の多様な進化

　さて，ここでようやく植物の登場である。植物は，淡水に生育する緑藻から進化し，陸上での生活に適応したクチクラ，気孔，通道組織，そして何より多様な繁殖戦略を発達させていった。その原動力となったのが，陸の環境で繁殖するために必須である「胚」の保護である。

Box 1-2　細胞間のコミュニケーションの進化

　多細胞生物の細胞間に見られる細胞の物理的な結合は，短時間の接触ではない。動物の心臓，肺，胃腸や植物の茎，葉，根などの組織中に見られるように，ほとんどの細胞がつねにほかの細胞と結合を保っているが，その組織も適切な細胞間の接着なしにはその組織の特徴的な構造や機能を維持することができない。細胞間の結合にはその機能に応じて，「密着結合 (tight junction)」，「固定結合 (anchoring junction)」，「連絡結合 (communicating junction)」の三つの結合様式が存在する。

　「密着結合」は，隣り合った細胞の細胞膜をしっかりとくっつけて，低分子物質でも細胞間に漏れ流を防ぐ。「固定結合」は，隣り合った細胞どうしの細胞膜が直接密着するのではなく，細胞 (内) 骨格フィラメントにつながれたタ

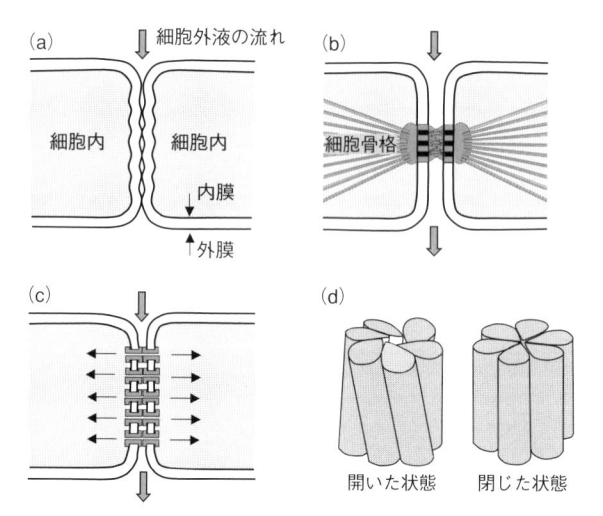

図1-6　細胞間コミュニケーションの進化。(a) 密着結合，(b) 固定結合，(c) ギャップ結合。細胞間でイオンのような小さな分子を行き来させることができる「ギャップ結合」が多細胞生物の発達に大きく寄与した。(d) は，ギャップ結合のチャンネルの開閉を説明する「捻れ棒モデル」。チャンネル (コネクソン) は，コネキシンと呼ばれる6個の膜タンパク質からなる。6個のコネキシン分子は少しずつ傾斜しており，その捻れで中央に通路が開いているが，カルシウムイオンが結合すると捻れがとれて中央が閉鎖される。

(Box 1-2 続き)

ンパク質による結合である．この結合では，密着結合と異なり細胞間隙が存在する．上記の二つの結合様式は，細胞どうしはつながっているものの，細胞間の物質のやり取りはない．

一方，「連絡結合」では，化学的または電気的なシグナルが直接細胞から細胞へと伝わるのが特徴である．この細胞間で連絡を取り合う通路を，動物細胞では「ギャップ結合」，植物では「原形質連絡」という．ギャップ結合は，6個の同一の膜貫通タンパク質の集合が作るコネクソンという構造からなり，コネクソンは隣接した細胞の細胞質をつなげる連絡通路となる．この通路は，低分子物質やイオンのようにすばやい連絡に必要な分子は通すが，タンパク質のように大きな分子は通さない．さらに，興味深いのは，この通路が開閉することである．たとえば，一つの細胞が傷害を受けると，ギャップ結合の通路は閉じられ，これによって，傷害を受けた細胞を孤立させ，その傷害がほかの細胞に広がるのを防ぐ．植物では細胞は細胞壁によってそれぞれが隔てられている．植物の原形質連絡の構造は，ギャップ結合よりも複雑であるが，その機能はほとんど同じで，細胞壁にある特殊な穴を通じて隣どうしの細胞の細胞質がつながり合って，物質の移動を可能にしている．

陸上植物は多様であるが，大きく四つのグループに分けられる．まず，コケ植物などの維管束をもたない植物（非維管束植物：nonvascular plant）．そして，維管束をもつ植物（維管束植物：vascular plant）のなかで，種子を形成しない無種子植物（シダ類，トクサ類など）．そして，維管束植物のなかで，種子を形成する裸子植物と被子植物である．

図1-7は，維管束植物群の出現年代を示したものである．これを見ると，いわゆる古生代の植物は種子を形成しない維管束植物で，その後古生代の後期から中生代の三畳紀・ジュラ紀に裸子植物が栄える．そして，1億5千万年前にようやく被子植物が登場すると，その後爆発的な増加が見られる．その結果，現在この地球上には約25万種の陸上植物が生育し，その約9割に相当する22万種が花弁をもつ被子植物である．と，生物学の教科書で習ってきた．

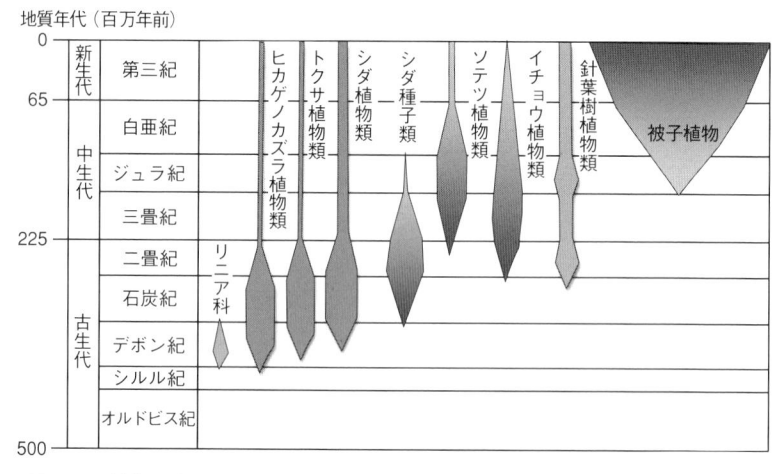

図 1-7 植物の出現と盛衰（戸部 1994 を改変。原図は Michael Neushul (1974) Botany. Hamilton Publishing Co., Santa Barbara, p.237, Fig.12-12）。

　一方，図1-8は，地学でこれも多くの人が学んだ大陸移動を紹介したものである。「太古の地球は，パンゲアという大きな一つの大陸であったが，それが徐々に移動し始め，北半球に位置するローラシア大陸と南半球側のゴンドワナ大陸の二つに分かれた。そして，それらがさらなるプレートの移動により各大陸がより細分化された形で移動し，現在の大陸ができ上がった」と，地学の教科書で習ってきた。

　ここで，私に大きく欠けていたことは，きちんと生物と地学で学んだことを整理して考える力がなかったことである。表1-2も，高校時代に地学の教科書で習った地質年代表である。先カンブリア代に始まり，古生代，中生代，新生代，そしてそのなかの石炭紀，三畳紀，ジュラ紀，白亜紀などで，起きたさまざまな生物進化の歴史や絶滅に関して，「暗記」したものである。しかし，本書の冒頭で紹介した地球の誕生からここまでたどってみると，地質年代表は地球の歴史のごくごく後半部分，特に化石として認識できるようになった生物群が登場してからのことが記されているのである。さらに，不勉強な私は，大陸移動は地球創世期のころの出来事だと思っていた。ところが，実際に大陸移動が生じた年代を見てみると，それは，約2億年前の古生代後半（二畳紀）から中生

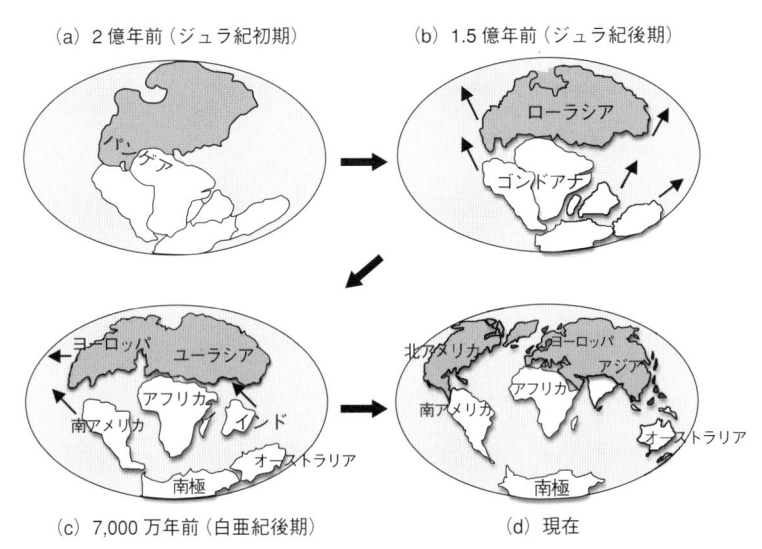

1-7 生物の陸上への進出と植物の多様な進化

(a) 2億年前（ジュラ紀初期）　(b) 1.5億年前（ジュラ紀後期）

(c) 7,000万年前（白亜紀後期）　(d) 現在

図1-8 時間の経過に伴う大陸の移動。超大陸パンゲアの移動はジュラ紀の初期に始まった。大陸の分断は生物にとってさまざまな生育環境を変化させ，多くの生物種の進化を促進した。

代初期（三畳紀）にかけてであり，また，中生代後期（白亜紀）にほとんどの大陸が広範に分離している。そして，新生代（第三期）には，大陸はほぼ現在と同じ位置に近づいている。

　そう，「大陸が広範に分離した白亜紀」，この時代がまさに，被子植物が登場して，爆発的な多様化を遂げた時代と一致するのである。裸子植物は，胚を保護するための種子を形成するという進化を遂げたが，被子植物の大きな特徴は，花と種子を包み込む果実を形成することである。花は花粉媒介者を引きつけ，そして，果実は胚を保護するとともに，種子の散布を助けるものである。したがって，白亜紀以降に生じた被子植物の多様化は，大陸移動による生育環境，すなわち物理的環境（気温，湿度，季節性など）のほか，固着性の植物にとって，その生活史のなかの受粉と種子の散布という「移動」にかかわる，同所的に生育する昆虫や鳥などの生物的環境との密接な関連のなかで生じたことなのである。

表1-2 地質年代と生物の消長

地質年代 (億年前)			生物の消長
0.2	新生代	第四紀	ヒト属の進化 マンモスなどの大型哺乳類の絶滅
0.65		第三紀	哺乳類，鳥類の放散 被子植物の多様化と花粉媒介昆虫の放散
1.44	中生代	白亜紀	哺乳類の多様化 被子植物の多様化 この紀の終わりに大規模絶滅により恐竜が消滅
2.13		ジュラ紀	多様な恐竜，多様な鳥類，原始的哺乳類の出現 アンモナイトの放散 裸子植物が優占
2.48		三畳紀	初期の恐竜と最初の哺乳類の出現 裸子植物が優占 海産無脊椎動物の多様化 この紀の終わりに生物の大規模絶滅
2.86	古生代	二畳紀	は虫類の放散 両生類の衰退 多様な昆虫目の出現 この紀の終わりに海生生物の大量絶滅
3.6		石炭紀	初期の維管束植物（ヒカゲノカズラ類，トクサ類，シダ類）からなる大森林帯の出現 両生類の多様化，最初のは虫類の出現 昆虫の初期の目が放散
4.08		デボン紀	硬骨魚類と軟骨魚類の誕生 三葉虫の分岐と多様化 アンモナイト，両生類，昆虫類の誕生 この紀の終わりに大規模絶滅
4.38		シルル紀	甲骨魚類の一部（板皮類）が誕生 維管束植物と節足動物が陸上に進出
5.05		オルドビス紀	棘皮動物やほかの無脊椎動物の門および脊椎動物の無顎類が多様化 この紀の終わりに大規模絶滅
5.7		カンブリア紀	動物の門のほとんどが出現 多様な藻類の出現
	先カンブリア代		この代の終わり近くに，動物のいくつかの門が出現

1-8　植物における生命の連続性

　これでようやく私の頭の中で，地球誕生から大陸移動を含む地球の歴史，それに伴う生命史，そして植物の進化が一つの流れとして認識できるようになった。熱帯，亜熱帯，暖温帯，冷温帯，亜寒帯，寒帯など，今日地球上のさまざまな地域で見られる植物たちは，その多様な環境条件に適応し，進化してきた。冒頭にも述べたように生命の基本は，その生命が瞬間的に存在するのではなく，自己複製能力をもち，継代あるいは繁殖によりその遺伝情報を伝達することである。したがって，各生命体は，細胞，個体レベルでの自らがおかれた環境に適応した生き方を進化させてきたのである。

　今日私たちが認識する「種 (species)」は，外部形態などの代表される形質によって定義され，その類似性により「種」というカテゴリーに分類されている。その「種」というカテゴリーでくくられた個体の集合は，世代を受け継ぐという繁殖のシステムを，さまざまな環境条件下で進化させ，そして持続的に維持している。その種や分類群として確立されてきた形態，機能上の「系統的制約 (phylogenetic constraint)」と「生育環境の制約 (environmental constraint)」の相互作用を明らかにするのが「生活史研究 (life history study)」の概念である (Kawano 1975)。いかなる生物種も単独で生きているのではない。特に固着性の植物においては，ある限定された空間の中でまとまり，すなわち「個体群・集団 (population)」を形成する。そして，その個体群を包括する「群集 (community)」内のほかの生物との相互作用など，その植物の生活史は，固着性という言葉からくる静的なものではなく，非常にダイナミックなものである。

Coffee Break　河野昭一先生との出会い

　河野昭一先生との出会いがなければ，この本の著者はいませんでした。僕の実家には1枚の白黒写真があります。それは，赤ん坊の僕を抱く河野先生とのツーショットです。本当の出会いはそのときなのかもしれませんが，もちろん僕には全く記憶にありません。僕の母は，河野先生が北大農学部の学生として所属されていた館脇操先生の研究室で秘書をしていました。そんなご縁で，僕が河野先生に「だっこ」されている写真が存在するようです。

　僕は，後述しますが，高校時代に漠然と植物に関する研究をしたいと思っていましたが，具体的に「これががやりたい！」ということは決まっていませんでした。北大に入り，農学部に移行し，卒業研究はジャガイモの出芽とサイトカイニンの関係に関する作物生理学の研究をしました。そして，大学院では植物生態学を勉強したいと思い，北大の環境科学研究科に進学しました。修士課程1年に入学したばかりの4月に，指導教官の伊藤浩司先生から「私の後輩で，富山大学に河野先生という方がいる。その先生は，植物の生活史の研究をされている。これからは，植物生態学の分野でも生活史の研究が大切になるので，1年間富山大学に行って勉強してこないか」と言われました。僕は「生活史…？」と若干困惑しましたが，生まれて初めて札幌を離れるのもよい経験かと思い，「はい。何でもやります」と言って，富山でお世話になることになりました。実家で「富山大学の河野先生（という先生）にお世話になる」と話したときに，その写真を両親から初めて見せてもらいました（本当は，初めて意識してその写真を見たのだと思います）。

　不安を抱えたままの富山大学での生活が始まりましたが，河野先生，そして研究室の皆さんは温かく僕を迎え入れてくれました。そして，河野先生から「日本産エンレイソウ属植物の比較生活史研究」というテーマをいただき，植物の生活史研究，フィールドワーク，カラオケを含め，すべてを一から勉強させていただきました。朝から晩まで，研究室みんなが調査，実験，解析の日々でした。あっという間の1年間でした。札幌から一人暮らし用にもっていった食器や調理器具などは一度も段ボールから出ることなく，そのまま札幌に戻ってきました。もちろん，その後も河野先生にはお世話になるのですが，これが僕の研究者としての始まりです。そして，河野先生からは，研究の面白さ，大切さ，難しさをたくさん教えていただきました。しかし，その研究より何よりも，いちばん教えていただいたことは，研究者たる前に人間としてきちんと「人を大切にして接すること」だと思います。

2章
群集レベルの変化と多様性

　前章では，この地球上の生物の起源について見てきた。現在，この地球上の多様な環境に生物がいて，またいかなる生物も単独では生きていない。ある場所に一緒に生育するすべての生物を群集（community）と呼ぶ。実際，この地球上のどのような場所にも一連の種からなる特有な生物群が形成されている。それらの種はどれくらい強く「相互に結びついている（web of life）」のだろうか。

2-1　群集の概念

　群集の構造と機能には大きく二つの考え方がある。一つは，アメリカの植物生態学者 Gleason（1882–1975）が1926年に提唱した群集の「個別概念（individualistic concept）」である。これは，群集とはある場所にたまたま一緒にいる種の集まりにすぎないというものである。これとは対照的なもう一つの概念が，アメリカ・ネブラスカ大学の Clements（1874–1945）が1916年に提起した「全体論的概念（holistic concept）」である。これは群集を統一された単位と考えるもので，群集内のそれぞれの種が強く結びついたり，または，それぞれ排除しあうような強い関係を考えている。しかし，実際にほとんどの種はそれぞれ部分的にしか他の種に依存していない。むしろ，このような部分的な相互依存のほうが自然界は一般的である。多くの場合，生物は環境条件の変動に独立に反応しているように見える。群集の構成はある種がより多くなったり，また別の種が徐々に少なくなり，消失するに伴い，生物間の関係および群集は全体にわたって徐々に変化する。

群集を特徴づける要素として，これまで（1）生物多様性，（2）成長型と構造，（3）相対優占度，（4）栄養段階構造，などが評価されてきた。生物多様性は，その群集内に何種の動植物が生息しているかを評価するものである。この単純な種のリストは我々にこの生物多様性をコントロールしているのは何か？　という重要な問題を提起する。成長型と構造は，植物群集のタイプを，高木，低木，草本，コケなどの生育型でおおまかに記載できるとともに，さらに，それらを広葉樹・針葉樹などのカテゴリーに分けることもできる。このような生育型の違いは，群集の階層構造を決定している。相対優占度は，群集内の各種の相対頻度であり，群集内で異なる種がどの程度の割合で存在するかを評価することができる。栄養段階構造は，種間の食う食われる関係（植物→草食者→肉食者など）を調べ，群集内のエネルギーの流れを評価し，群集の生物学的な組織性を決定するものである。これらの特性は，平衡状態にある群集でも，あるいは変化している群集においても評価することができる。植物群集は，時間的にも，空間的にも変化する。時間的な変化の例としては，（後述する）群落が安定した「極相群落（climax community）」へと向かう「遷移（succession）」があり，また空間的変化としては，水分や温度などの「環境傾度（environmental gradient）」にそって群集の組成が変化することなどが考えられる。

2-2　群集の境界

　自然界の群集には，群集間にはっきりとした境界が存在する場合もあれば，その境界があまり明瞭ではない場合もある。しかし，実際にはその境界を明瞭に表現することは難しい。たとえば，一つの植生を見たときに，我々の多くはそこに優占するいくつかの樹種に着目し，体系化する場合が多い。しかし，数多くの低木種や草本種に着目し，詳細に調査することによって，そこに存在する境界が明らかになることもある。

　したがって，多くの植物生態学者は植物群落間に不連続で明瞭な境界の存在を仮定するのではなく，植生はより複雑な連続体であることを意識するようになった。そのなかで，アメリカ・コーネル大学のWhittaker（1926 – 1972）は，1967年に環境要因とともに連続的に変化する植生パターンの解析の手法として，環境傾度分析（environmental gradient analysis）を考え出した。図2-1は，アメリカ東部のグレート・スモーキー山脈における，標高にそった3種のマツ（*Pinus*）の相対出現頻度を示したものである（Whittaker 1956）。この3種間に明瞭な境界など存在しないことが一見して理解できる。標高差という環境の違いには，温度，水分，風，積雪量などさまざまな環境要因が作用しているが，Whittaker（1960）は水分環境にそった樹木の分布を調査し，その分布パターンには明瞭な境界が認められないことを示している（図2-2）。

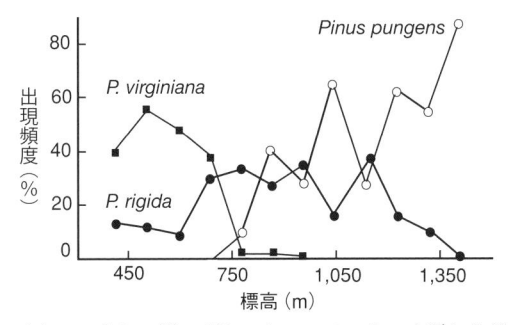

図2-1 アメリカ・テネシー州のグレート・スモーキー山脈における標高にそった3種のマツ（*Pinus*）の分布（Whittaker 1956より）。

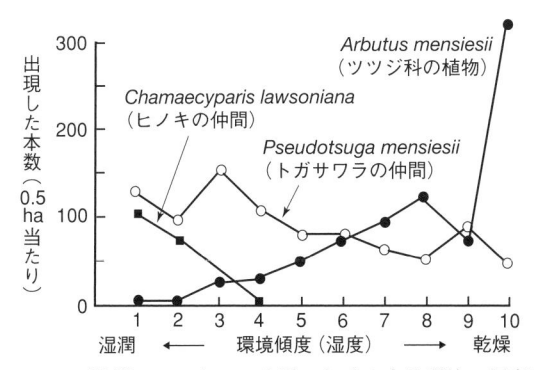

図2-2 アメリカ西海岸のシスキュー山脈における水分環境の傾度にそった3種の樹木の分布（Whittaker 1960より）。

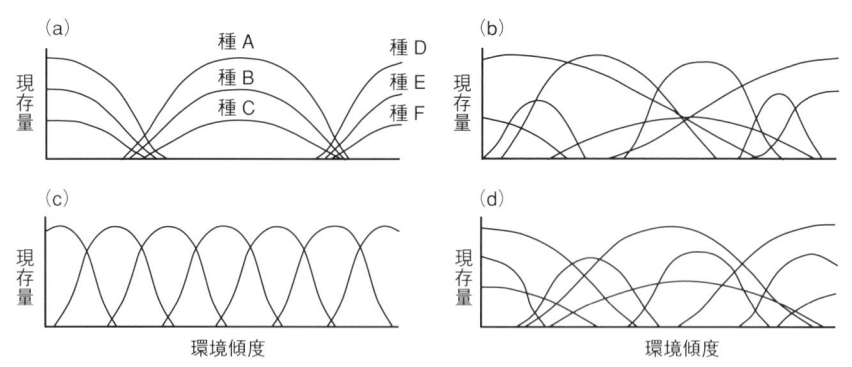

図 2-3 環境傾度にそった植物群集の種組成に関するモデル（Austin 1985 より）。図中の曲線は，それぞれ仮想的な種をイメージしたもの。(a) 明瞭な境界が存在する有機体説に基づくモデル，(b) 個別説に基づくモデル，(c) 資源分配連続モデル，(d) いくつかの階層からなる資源分配連続モデル。

　Austin (1985) は，環境傾度にそった自然植生の分布パターンをモデル化した（図2-3）。たとえば，(a) は群落間に明瞭な境界が存在するモデルであるが，それに対し，(b)〜(d) の三つのモデルは，いずれも植生の連続的な変化を表現している。(b) は，環境傾度にそって各種が独立して分布し，明瞭な境界も種のまとまったグループ制も見られない。(c) は，仮に環境傾度にそった資源に関する強い競争などが存在する場合である。(d) は，群落内に高木，低木，草本などの階層構造が存在し，各階層が独立して機能している場合を想定しており，結果として (b) と類似している。

　このように多くの場合，群集を構成する種の豊富さ（個体数）は，時間的にも空間的にも独立して変化する。しかし，それにもかかわらず，群集内の種の豊富さは地理的に同調したパターンで変化する場合も存在する。このようなことは生育環境が急激に変化するエコトーン（ecotone）で見られる。図2-4に示すように，蛇紋岩土壌（一般的な土壌とは異なり，銅やカルシウムの含有率が低い一方で，ニッケル，クロム，鉄の含有率が高い）と一般的な土壌での種構成を比較すると，一つの群集からほかの群集への移行は，短い距離であっても生じている。

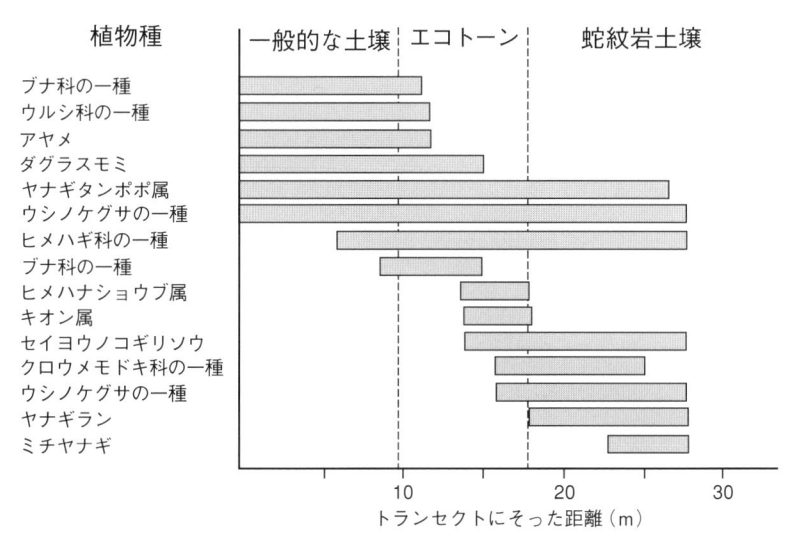

図2-4 エコトーン（推移帯）を横断したときの群集組成の変化（Ricklefs 2007より）。一般的な土壌と蛇紋岩土壌の植物群集は大きく異なるほか，群集の移行が非常に短い距離で生じている。

2-3 群集内の種間関係

生物は他種の存在によりさまざまな形で影響を受ける。そこには互いに利用しあう正の効果もあれば，互いに排除しあう負の効果も存在する。ここでは，主に植物から見た生物群集の種間関係を見ていくことにする。

2-3-1 分布域から見た種の関係

図2-5は，北米大陸における植生帯を示したものである（Gleason & Cronquist 1964）。植物群落の場合，その群落を構成する各種の分布域は一致しており，また逆に各種の分布の境界は，その群落の境界と一致すると考えられる。図2-5には10の植生帯が示されているが，それぞれの植生帯の境界部は移行帯（tension zone）と呼ばれ，それは多くの種の分布の境界と一致している。Curtis (1959)は北米のウィスコンシン州の二つの植生帯の境界域の植生を調査し，わずか16〜48kmの幅の間

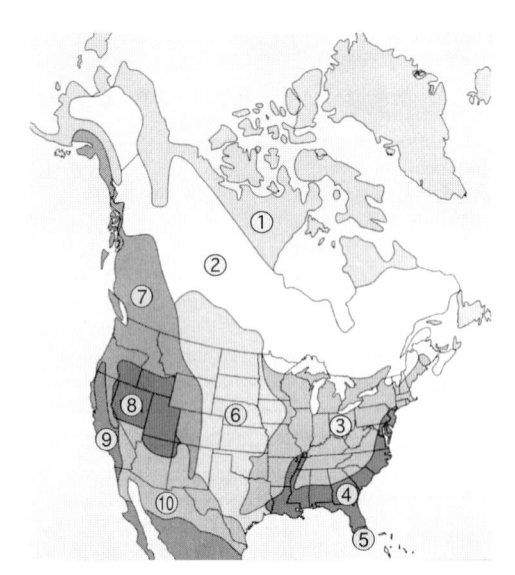

図 2-5 北米大陸における植生帯（Gleason & Cronquist 1964 より）。① ツンドラ帯，② 北方針葉樹林帯，③ 東部夏緑樹林帯，④ 海岸平野帯，⑤ 西インド帯，⑥ 草原帯，⑦ 山岳森林帯，⑧ グレートベイズン帯，⑨ カリフォルニア帯，⑩ ソノラ帯。

で，182種もの種が入れ替わることを明らかにした。このように，一つの植生帯は多くの異なる群落から構成されており，地域の種レベルの詳細な分布は植生帯のスケールでは把握することはできない。異なる群落の類似性を評価する方法はいくつかあるが，カナダ・ブリティッシュコロンビア大学の Krebs（1945 - ）は1999年に，群落を構成する種数に基づいて群落を比較する類似度指数（index of similarity）という方法を提案した。これは，次の式で定義される。

$$類似度指数 = \frac{2z}{x+y}$$

（x：群集Aの種数，y：群集Bの種数，z：群集AとBの両方で見られる種数）したがって，この指数は0から1まで変化し，0の場合は両群集間で全く類似性がなく，1の場合は完全に一致していることになる。たとえば，群落Aで，ブナ，ミズナラ，カエデ，シナノキなど18種

の樹木が優占し，一方，群落Bでは，ブナ，カエデ，カバノキ，ツガ，シナノキなど23種の樹木が優占するとしよう。そして，そのうち13種が両群落で見られるとしたら，類似度指数は0.63（2 × 13/（18 + 23））となる。

Box 2-1　類似度の評価の難しさ

　北米大陸の五大湖は，世界最大の内陸に位置する水系である。この五大湖の水はスーペリオ湖とミシガン湖からオンタリオ湖，ヒューロン湖，エリー湖を流れセントローレンス川を経て大西洋に流れ込む。五大湖に生息する甲殻類のうち25種はすべての湖で観察された。したがって，甲殻類に関して湖間の類似度指数は高い。

	類似度指数
スーペリオ湖とミシガン湖	0.81
ミシガン湖とヒューロン湖	0.93
エリー湖とオンタリオ湖	0.90

Watson（1974）より。

　しかし，すべての種群で類似度が高いわけではない。たとえば，ワムシ類について見ると，エリー湖（25種中）とオンタリオ湖（30種中）では，15種が共通しており，この湖間の類似度指数は0.55となる。魚類になると類似度はさらに低くなり，五大湖全体では11種の魚類が生息するが，エリー湖（3種中）とオンタリオ湖（7種中）では，わずか2種しか共通しておらず，類似度指数も0.4であった。

　この五大湖の事例は，群集の類似度を評価する場合の一つの問題点を表している。つまり，群集の一つの生物相を見ると非常に類似性が高くても，別の生物相に関しては必ずしも類似度が高くない場合もあるということである。

　植物群落についても同じような事例が示されている。北米大陸東海岸の木本種を見てみると，湿潤な場所ではサトウカエデが優占しているものの，より大きなスケールで見るとブナ，シナノキ，トチノキが優占している。また，一般的に一様であると考えられがちな針葉樹が優占する湿地帯でも，北米の西海岸と東海岸を比較してみると，共通している種はアメリカカラマツとクロトウヒの2種だけであった。

2-3-2 競争と共存

ある個体群がその大きさを維持し，成長するために必要な資源と，これらの資源の利用方法が，総合的にまとめ上げられたのがその個体群のニッチ（niche：生態的地位）である。ニッチの概念は，20世紀初頭には存在していたが，Hutchinson（1903-1991）は，1957年にニッチの概念を再定義し，ニッチは生息空間，温度環境，水分環境などの物理的環境や捕食者，被食者などの生物的環境のさまざまな要因で記述されるとした。そして，生理的な耐性や必要とする資源を基礎として，ある種が潜在的に使える全体のニッチを基本ニッチ（fundamental niche），種間競争などの相互作用により実際にその種が占めているニッチを実現ニッチ（realized niche）と定義した。さらにHuchinsonは，実現ニッチは基本的ニッチに比べてかなり小さく，共存する競争種間では，実現ニッチは重ならないと考えた（図2-6）。

生物のニッチは物理的要因により大きく影響を受けているが，生物が生息している場所は，ニッチが重なる他の種との競争や捕食者によっても影響を受けている。基本ニッチの大きさを決定し，どの要因が実現ニッチの限界を決定するかを明らかにするためには，競争者や捕食者を排除した実験系が用いられる。動物における基本ニッチと実現ニッチに

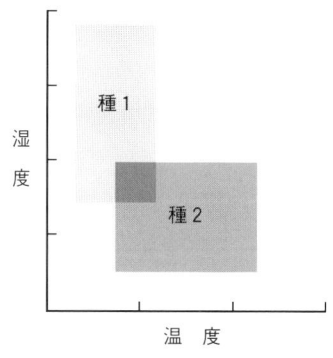

図2-6 温度と湿度に関する2種のニッチ分割の概念。長方形の部分が各種の基本ニッチを示す。

関する古典的な実証例としてカリフォルニア大学サンタバーバラ校のConnell（1923 - ）が行った，スコットランドの海岸の岩礁帯に生育するフジツボ類の実験がある（Connell 1978, 1979）。Conellが調査した2種のフジツボのうち，イワフジツボ属の一種 *Chthamalus stellatus* は干潮時には干上がることがある潮間帯に生息しており，一方フジツボ属の一種 *Semibalanus balanoides* は干上がることのないもう少し深い浅瀬に生息している。より深い場所ではたとえそこでイワフジツボが成長を始めても，両種間に干渉的競争（interference competition）が生じ，フジツボはイワフジツボを排除する。しかし，フジツボを取り除くと，イワフジツボが深いところまで生息できる。したがって，イワフジツボは生理的に深いところで生息できないわけではない。対照的に，フジツボはイワフジツボがいなくても浅いところでは生息できなかったため，明らかにフジツボは浅いところの生息には適していない。この実験結果より，イワフジツボの基本ニッチは浅いところからより深いところまでの幅広い部分であるが，フジツボの存在によりその実現ニッチは，基本ニッチよりも狭い浅い部分になっている。

　その後，動物ではこの基本ニッチと実現ニッチの存在を確かめるために，さまざまな生物群で実験が行われるようになった。しかし，植物ではHutchinsonがニッチを再定義するはるか前にイギリスに生育するヤエムグラ属の *Galium saxatile* と *G. sylvestre* を用いて実験が行われていた。*G. saxatile* は酸性土壌に生育が限定され，*G. sylvestre* は石灰岩地に生育する。イギリスの生態学の生みの親ともいえるケンブリッジ大学のTansley（1871 - 1951）は1917年に，この両種を本来の生育地の土壌と，それとは異なるもう一方の土壌に，単植と混植の二つの条件で生育させた。単植の場合には，両種ともにどちらの土壌でも成長したが，本来の生育地の土壌に生育する種と混植した場合には，移植された種の成長は種間競争のため抑えられ，元の種のみがよく成長した。また，Hall（1979）は，窒素（N）とカリウム（K）の二つの無機養分の利用に関する種間関係を，マメ科のヌスビトハギ（*Desmodium intortum*）とイネ科のエノコログサ（*Setaria anceps*）の混植実験により見いだした。吸収可能

Box 2-2　Gauseの競争排除則 (competitive exclusion)

　この考え方の基本は，資源に限りがあるとき，同じ生態的地位をもつ2種は共存できない，というものである。ロシア人生態学者のGause (1910 - 1986) は，1934年に3種のゾウリムシ (*Paramecium*) を用いてこの原理を検証した。Gauseの実験では，3種のゾウリムシ個体群はそれぞれ別々に培養すればよく成長する。しかし，*P. caudatum* は *P. aurelia* と一緒に培養すると減少し，最終的には絶滅した。なぜなら，それぞれが同じ実現ニッチをもっており，食物資源をめぐる競争では *P. aurelia* が *P. caudatum* に勝るからである。その一方で，*P. caudatum* と *P. bursaria* を一緒に培養すると，両種は共存することができる。それは，この2種は異なる実現ニッチをもっているためである。ただし，両種の密度は，それぞれ単独で培養したときの1/3になっていたことから，競争はそれぞれの負の効果をもたらした。

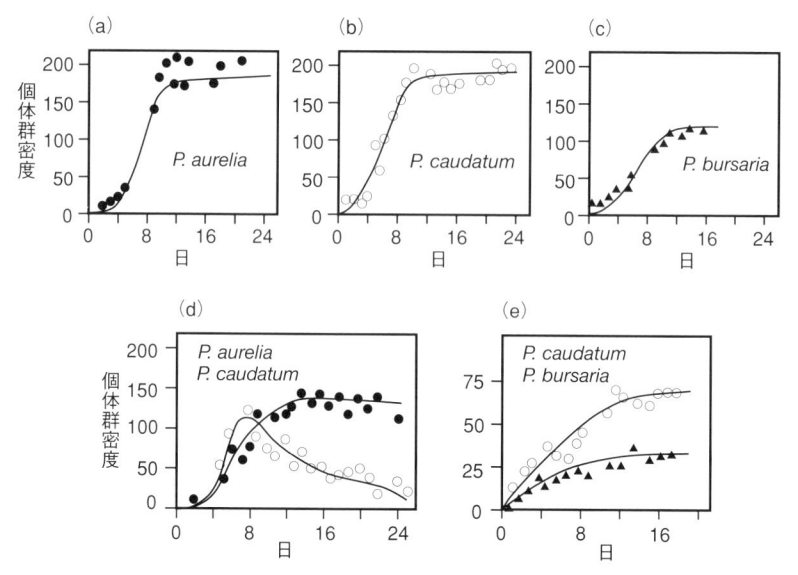

図2-7　3種のゾウリムシ (*Paramecium*) 間の競争排除 (Gause 1934より)。(a)〜(c) に示すように，3種のゾウリムシ個体群は個別に飼育すればよく成長する。しかし，*P. aurelia* と一緒に飼育すると食物資源をめぐる競争が生じ，*P. caudatum* は減少する (d)。一方，*P. caudatum* と *P. bursaria* は互いに競争を避け，共存できる (e)。

Box 2-2　Gauseの競争排除則（competitive exclusion）

なカリウムが多いときには，カリウムが十分に供給されることにより，ヌスビトハギは余剰の窒素を根粒菌から得ることができるため，二つの資源軸の上の両種のニッチの重なり合いが少なくなる．しかし，吸収可能なカリウムの量が少ないときにはニッチが重なり，窒素とカリウムをめぐる種間競争が生じる．

　競争排除則は，ニッチを共有する二つの種は，共存することはないことを述べているが，ここで注意しなければならないことは，ニッチ理論が循環論法であることである．つまり，生態学者は共存を説明するためにニッチの違いを探し求めているため，競争排除則により，「共存する種は異なるニッチをもっているはずである」と仮定する危険性がある（Silvertown 1987）．Tansleyの実験が示すように，ある特定の種の実現ニッチを決定する要因を発見することは容易ではない．なぜなら，同じ生育地に生育している植物でも，一般には，環境の違いに対して明瞭に識別でき，しかもよく分化した反応を示すとは限らないからである．

　Tilman（1977, 1982）は，植物における種間の資源利用速度の違いが共存に果たす役割に着目してモデルを作った．図2-8は，ある植物種の平衡密度が二つの資源軸（たとえば，窒素とリン）でどのように決ま

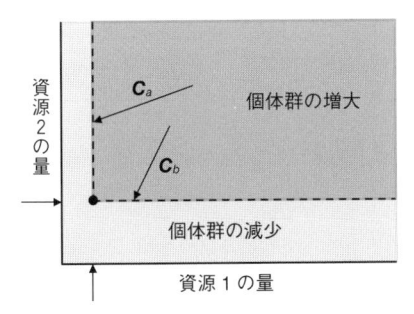

図2-8　2種類の必須資源（たとえば，窒素や水）の変化に対するある植物種の反応（Tilman 1982より）．点線は，それぞれの資源による増加率ゼロの等値線（the zero growth isocline）を示す．この点線の上の部分（濃い灰色）では，個体群が成長でき，下の部分では個体群は減少する．縦の点線の左側では資源1が制限要因となり，横の点線の下側では，資源2が制限要因となる．そして，点線の交点でのみ，両方の資源が制限要因となる．仮想の資源消費ベクトルC_aの場合には，植物は資源2よりも資源1をより早く消費し，ベクトルC_bの場合には，資源1よりも資源2をより素早く消費する．

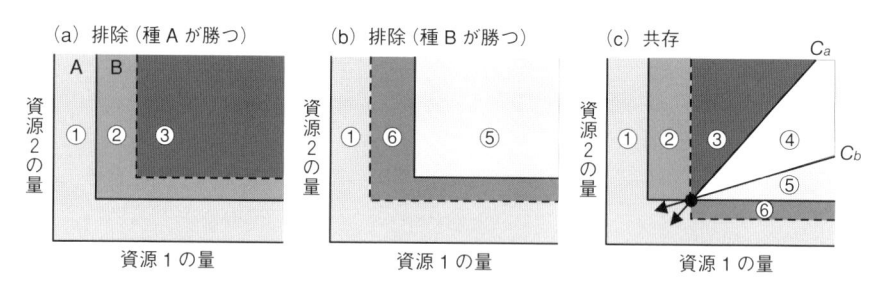

図2-9 二つの必須資源に対するTilmanの種間競争モデル（Tilman 1982より）。それぞれの種（A種とB種）の資源消費ベクトル C_a と C_b にそった増加率ゼロの等値線（the zero growth isocline）が実線（種A）と点線（種B）で示されている。①は，両種とも生存できない。②は，種Aのみが生存できる。③は，種Aが競争に勝つ。④は，2種が共存。⑤は，種Bが競争に勝つ。⑥は，種Bのみが生存。●は平衡点を示す。

かを考えている．もしも，どちらか片方の資源量が低い場合には，その個体群は減少し，反対に両方の資源が豊富であれば，個体群は増大する．このような個体群の増大と減少の境界を，その種の成長ゼロの臨界線（zero growth isocline）と呼ぶ．この臨界線より右上の領域では個体群は増大する．

　Tilmanのモデルのもう一つの重要なパラメーターは，生育地の利用可能な資源の比である．それぞれの種は，異なる割合で資源を消費する．たとえば，ある植物はより早く窒素を消費するかもしれない．この消費速度と資源供給量の釣り合う部分が，消費ベクトルと供給ベクトルのベクトルが合成した部分になる．これをもう一つの植物種に対して繰り返して行うことにより，二つの臨界線を重ね合わせることができる．図2-9は，資源をめぐる競争を行っているAとBの二種の植物において想定される結果を示している．(a)は，種Bは，種Aよりもより両方の資源を必要とする．すなわち，種Aは競争に勝ち，種Bは衰退する．(b)は，(a)とは反対に，種Aが衰退する．(c)は，臨界線が交叉している（交点が存在する）ことから，そこには平衡点が存在する．この平衡点が安定化か不安定なものかを判断するには，それぞれの種に関する資源消費速度に関する情報が必要になる．この平衡点では，種A

にとって資源1は十分にあり，資源2が制限されている状況である。その反対に，種Bにとっては資源1が制限されているが，資源2は豊富に存在する。このように両種の資源消費ベクトルが，自らの制限となっている資源をより速く消費する方向に向かっている場合には，両種は安定平衡にある。

2-3-3　捕　食

　捕食（predation）とは，ある生物が他の生物に消費されることである。捕食は餌個体群に対して強い選択圧を与える。防衛する側の進化は，それに対抗する適応を捕食者に促す。被食者が防衛を強化させ，捕食者がそれに打ち勝つ方法を進化させることを進化的軍拡競争と呼ぶ。第1章でも紹介したように，中生代に軟体動物の殻を割ったり，二枚貝の殻を開けたりすることができる甲殻類が進化した。その結果，軟体動物は殻を厚くしたり，棘をもつようになった。

　植物においても草食動物の捕食を逃れるさまざまな防御機構を進化させてきた。最も顕著なのが棘や茨などの形態的な防御である。また，葉の中にケイ酸を含み，葉をより硬く強くすることにより，捕食から逃れているものもある。このほか，二次的化学物質（secondary chemical compound）を生成し，草食動物に対する防御をしている場合もある。これらの化学物質は，呼吸のような主要な代謝経路で生じる一次的化学物質とは区別される。二次的化学物質は捕食者に対して有毒であるか，あるいは捕食者の代謝を大きく阻害する。アブラナ科の植物は，カラシ油として知られている，多くの昆虫類に対して有毒な一連の化学物質を生産する。また，ガガイモ科の植物は，葉や茎が傷つけられたときに乳白色の液を分泌するが，この液には脊椎動物の心臓の機能を阻害する配糖体が含まれている。

　このように，植物は葉や茎への昆虫などによる食害に対し，さまざまな防御反応を示すが，なかには食害を受けた後に同個体あるいは他個体の被食を減少させる誘導防衛反応を示すものがある。誘導防衛には，被食された個体が防衛を誘導するだけでなく，無傷の近隣個体も防衛を

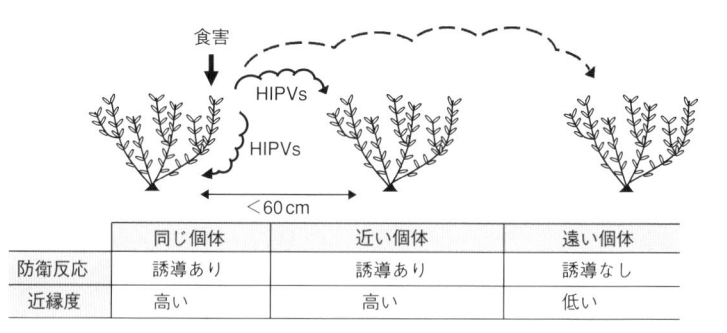

	同じ個体	近い個体	遠い個体
防衛反応	誘導あり	誘導あり	誘導なし
近縁度	高い	高い	低い

図2-10 木本性のヨモギ属の一種 *Artemisia tridentate* における匂いを介した個体間のコミュニケーション。

誘導する場合があり，それは「植物間コミュニケーション」として知られている。このコミュニケーションにおいて，被食時に植物から空気中に放出される揮発性物質がシグナルとして機能していることが報告されている。それらは「植食者誘導性揮発性物質（HIPVs：herbivore-induced plant volatiles）」と呼ばれ，リママメ（*Phaseolus lunatus*）では野外および室内実験からHIPVsによる近隣個体の誘導防衛が報告されている（Arimura et al. 2000）。北米大陸西部の乾燥地域に生育するキク科ヨモギ属の低木種Sagebrush（*Artemisia tridentata*）は食害などで葉が傷つくと強い匂い（HIPVs）を放出し，自身の防衛反応を誘導する。さらに，Karban et al.（2006）の報告ではHIPVs放出個体から60 cm以内に生育する無傷の他個体でも，HIPVsを受容すると防衛反応が誘導されることが明らかになっている。また，HIPVsを分析したところ，その組成は個体によって異なっており，近接する個体同士で類似した組成をもつことも示されている（図2-10）。

2-3-4 共　生

捕食者と被食者の関係のように，生物群集内の種はさまざまな形で相互作用をしている。このように群集内の複数の種が長期的な相互作用を通じて進化することを共進化（co-evolution）という。捕食者-被食者の関係とは異なる共進化のもう一つの事例が共生（symbiosis）であ

る。共生関係は，片利共生 (commensalism)，相利共生 (mutualism)，寄生 (parasitism) に分けられる。

　片利共生では，1種は利益を得るが，もう一方の種には利益も，害もない。着生植物はほかの植物の枝に付着して成長するが，一般的には宿主となる植物には害はなく，その表面で成長する着生植物だけが利益を得ている。相利共生は，それにかかわる2種がともに利益を得る共生関係である。

　相利共生は，生物群集の構造の決定に非常に重要である。第1章で述べたように，花弁をもつ被子植物の形態は，その花から食物（花粉や蜜）を得るために訪れ，その際に花粉を媒介する動物の形態や行動と密接に関連して進化してきた。一方，動物の形質も，花からより効率的に食物を得るために特殊化してきた。花粉の媒介以外でも，植物と動物にはユニークな相利共生が成立している。ラテンアメリカに生育するアカシア属植物 (*Acasia*) の一種では，葉の托葉が中空の棘になっており，その中にクシフタフシアリ属のアリが巣を作っている。葉の付け根には蜜腺があり，蜜のほか，小葉の先端にあるタンパク質に富むベルト氏体 (Beltian body) と呼ばれる部分を，アリに食料として提供している。その一方で，このアリは巣に持ち込んだ有機物の一部をアカシアに提供する。さらに，アカシアを食べる草食動物を撃退するほか，アリが棲んでいるアカシアに他の植物の枝が触れると，それを切り取り，宿主であるアカシアが他の植物に覆われ，被陰されることから防いでいる。

　寄生は，寄生者にとっては有益であるが宿主にとっては有害である。生物の体の外表面に寄生する寄生者は外部寄生者 (ectoparasite) と呼ばれる。ネナシカズラ属植物 (*Cuscuta*) は，葉もクロロフィルももたず，宿主となった植物から栄養を獲得して成長する。また，脊椎動物の体内には，内部寄生者 (endoparasite) として，無脊椎動物や原生生物が寄生している。通常，内部寄生は外部寄生よりも特殊化しており，寄生者の生活が宿主の生活とより密接になるほど，寄生者の形態と行動が進化の過程で変化している。しかし，生物体内では外部よりも一定の状態に維持されているため，内部寄生者の外部形態は単純化している。

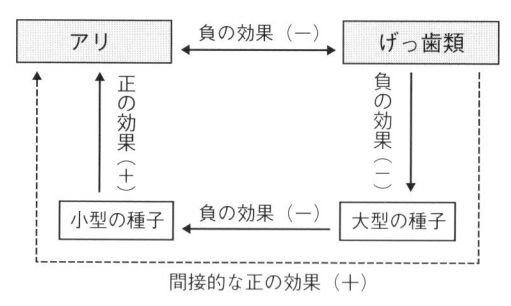

```
┌─────────┐  負の効果（−）  ┌─────────┐
│  アリ   │ ←──────────── │ げっ歯類 │
└─────────┘               └─────────┘
   ↑ ↑                        │
   │ 正                       負
   │ の                       の
   │ 効                       効
   │ 果                       果
   │ （＋）                   （−）
   │                          ↓
┌─────────┐  負の効果（−）  ┌─────────┐
│小型の種子│ ←──────────── │大型の種子│
└─────────┘               └─────────┘
      └──────間接的な正の効果（＋）──────┘
```

図 2-11 げっ歯類とアリの間接効果。

　間接効果 (indirect effect) は, 捕食-被食の関係のユニークな事例である。間接効果は2種の生物の直接的相互作用はなく, 第三, 第四の種を介して影響を及ぼしあっている関係である。たとえば, げっ歯類とアリはともに種子を捕食するため, げっ歯類の存在はアリに直接的な負の効果を及ぼす。また, 大型の種子を生産する植物は, 小型の種子を生産する植物の成長に負の効果を及ぼしている。しかし, げっ歯類の捕食により大型の種子を生産する植物個体群がある程度抑えられ, 小型の種子を生産する植物個体群が維持される。小型の種子の生産は, アリに正の効果をもたらすことから, げっ歯類の存在は間接的にアリの個体群維持に正の効果を及ぼしている（図2-11）。

2-4　指標種とキーストーン種

　それぞれの群集には多様な分類群に属する多くの種が存在する。したがって, それぞれの群集の特徴を端的に評価し, かつその群集の時空間的変化を正しく理解するためには, その群集を特徴づける種を見いだす必要がある。その一つの考え方が指標種 (indicator species) である。保全生態学の立場から考えても, 群集内のすべての生物を調査するのではなく, その群集を代表する指標種に着目し, その群集内の他のメンバーに影響を及ぼす指標種の存在や数の変化を把握することは, 合理的かつ実践的である (Landres et al. 1988, Noss 1990)。したがって, 最も大切なプロセスは, その群落の「指標種」を的確に評価し, 選定する

ことである。

　指標種を選定するためには，その群集タイプを代表する種，さらには健全な群集を表現する種である必要がある。Krebs (2001) は，以下のような条件を提示している。
（1）指標種は，分類学的によく理解されており，その分類基準がしっかりしていること。それによって，私たちは，個体をしっかり認識できるようになる。
（2）指標種は，その生態と生活史がよく理解されていること。それによって，私たちはその種の環境の耐性の程度や要求する環境条件を把握できる。したがって，指標種は，その群集内で常時生活しているものでなければならない。
（3）指標種は，簡単に観察できるものであること。それによって，あまり観察の経験がない者でも，また地域住民でも観察に協力してもらえる。
（4）指標種は，その群集や生育地に特徴的なものであること。したがって，より正確な指標種としては，一般種 (generalist) よりもより特定種 (specialist) のほうが好ましい。
（5）指標種は，それが指標となる他の分類群と密接に関連しているものであること。

　指標種は，群集の動向をモニタリングするような場合に選定される種群であるが，保全生態学的な目的としては，指標種としてほかのカテゴリーも考えられる。アンブレラ種 (umbrella species) は，生息地面積要求性の大きい種で，その種の生存を保障することにより，おのずから多数の種の生存が確保されるものである。グリズリーベアーなどの大型の肉食哺乳類や猛禽類など，生態的ピラミッドの最高位に位置する消費者がこれに相当する。また，象徴種 (flagship species) は，その美しさや魅力によって世間に特定の生育場所の保護のアピールすることに役立つ種で，保全の象徴的，カリスマ的な種，たとえばパンダなどがこれに相当する。そして，群集における生物間相互作用と多様性の要をなし，群集の組成にきわめて大きな影響を及ぼす種をキーストーン種 (keystone species）と呼ぶ。そして，群集からその種が失われると，その群集や生態系が異なるものに変質してしまう可能性が高い。ただし，この変質は，負の影響ばかりではなく，ビーバーのように小川をせき止めて，池に変え，多くの動植物のための新しい生息場所を作り出す場合もある。

2-5 群集の変化をもたらす要因

　どのような要因が群集の変化をもたらすのだろうか？　そして，また，群集の変化をどのように予測することができるだろうか？　群集の変化ということで，まず思い浮かぶのが，遷移（succession）である（図2-12）。たとえば，森林が伐採されてそのまま放置されると，その後その土地に植物が生育し，最後には再び森林となっていく。このような遷移は，二次遷移（secondary succession）と呼ばれ，生物群集が森林伐採，山火事，河川の氾濫，崖崩れなどにより撹乱されても土壌が残っている状況で起こる。多くの場合の遷移は二次遷移であるが，一次遷移（primary succession）は，氷河の後退や大規模な火山の爆発により生じた裸地のような生物のいない場所に，次第に生物が侵入し，その場所の性質を変化させていく。たとえば，火山の爆発は，貧栄養で，極度に乾燥した環境を生みだし，また，氷河の後退により貧栄養の岩盤や土壌が露出する。このようにして生じた無機塩類が乏しい裸地では，岩石の中の炭酸塩のために土壌のpH値は塩基性で，窒素レベルは低い。このような貧栄養条件でも生育できる地衣類が最初の植生となる。そして，

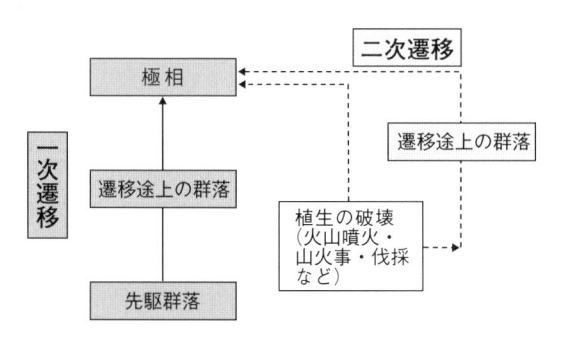

図2-12　植物群落の遷移。

その地衣類から分泌される酸性物質がpHを下げ，また岩石の破砕に役立つ。そして，そのわずかな土壌に窒素固定能をもつ細菌が共生している先駆的なコケ類が生育するようになる。この地衣類やコケ類のように遷移の最初に侵入，定着する植物を先駆植物（pioneer species）という。コケ類によって十分な栄養塩類が土壌に供給されるようになった後は，一年生草本，多年生草本からなる草原，その後は低木林，高木も存在する森林へと移り変わっていく。

2-6　極相と撹乱

　遷移が進行し，最終的に成立する植生を極相（climax）と呼ぶ。異なる場所で生じた一次遷移が，結局はその地域全体に特徴的な同じ植生になることが多いことから，Clements（1916）は一つの大気候には一つの極相しか存在しないという単極相説（monoclimax theory）を提唱した。しかし，気候は変化し続けているほか，極相は気候以外にも地形や土壌条件，人間活動の程度などのさまざまな環境要因によって規定されることから，Tansley（1939）らは，多極相説（polyclimax theory）を提唱した。さらに，Whittaker（1953）は，先に説明したように，絶対的な極相群落はなく，植生は環境傾度（光，水，栄養塩類などの）にそった各種個体群で構成されており，時空間的に変動する環境要因とともに変化するという第三の極相説，極相パターン説（climax-pattern theory）を提唱した。

　これまでの極相群落の考え方は，種組成や構造の変化が少なく，比較的安定した平衡状態（equilibrium）にあると考えていた。しかし，極相とされる群落もさまざまな発展段階の群集がモザイク状に存在しており，ある程度広い面積では安定的だが，局所的には撹乱と修復によりダイナミックに変化している（non-equilibrium）。Watt（1947）は，遷移はある方向に向かうのではなく，一つのサイクルになっているというパッチ動態（patch dynamics）の考えを提起した。Wattが意味するところの群集の時空間スケールはClements, Tansley, Whittakerらのそれよりも小さいが，このような植物群集のとらえ方は，極相群落の維持機構

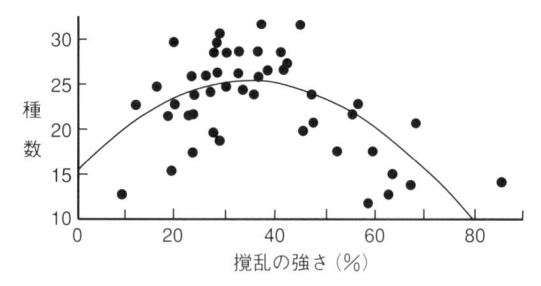

図 2-13 ニュージーランドのある河川における撹乱の強さと，さまざまな底生無脊椎動物群の種数の関係（Townsend et al. 1996 より）。適度な撹乱がある状況で多様性が最大になるという，中規模撹乱仮説を支持する事例。

とそれにかかわるギャップ動態（gap dynamics）の重要性を考える流れにつながった。

　撹乱の作用が，ある地域の種の多様性を増加させる場合もある。中規模撹乱仮説（intermediate disturbance hypothesis：Connell 1978）によれば，適度な撹乱を経験する群集は，撹乱をほとんど受けない，あるいは頻繁に撹乱を受ける群集に比べて種数が多い。これは，適度な撹乱が生じる群集では，遷移の段階が異なる複数の生育場所がパッチ状に存在する。そのため，その地域全体としては，遷移の各段階に特有の種がすべての段階にわたって存在するので，種の多様性が最大になる（図2-13）。たとえば，安定した森林の中で大きな1本から数本の林冠木が枯死したり，台風などにより倒れたとき，林の中に小さな空白地（ギャップ）が生じる。林冠にギャップが形成されると，ギャップ内の環境はその周囲の閉鎖林冠下の環境と大きく異なり，なかでも特に光環境の変化が大きく，ギャップ内は相対的に明るくなる。ギャップ形成後は，ギャップ形成前から待機していた稚樹の成長が促進され，そのギャップでは遷移の順序に従って種が入れ替わり，最終的には林冠を構成する種が再びその空間を占有するようになる。そして，一つの森林に遷移段階の異なるギャップが数多く存在すれば，さらに多くの異なる種が存在できることになるのである。

3章
植物の生活史の基礎知識

　小学生のときにアサガオやヒマワリの種子をポットなどに播種し，その後の成長を観察した経験のある人は多いであろう．これらの植物は春に種子を土に播種すると，やがて発芽して，成長して大きくなり，夏には開花，そして秋には種子を結実し，冬までには当たり前のように枯死していった．その一方で，日本全国には津々浦々にサクラのお花見の名所が存在し，毎年春には見事な花を咲かせる．しかし，サクラの木は開

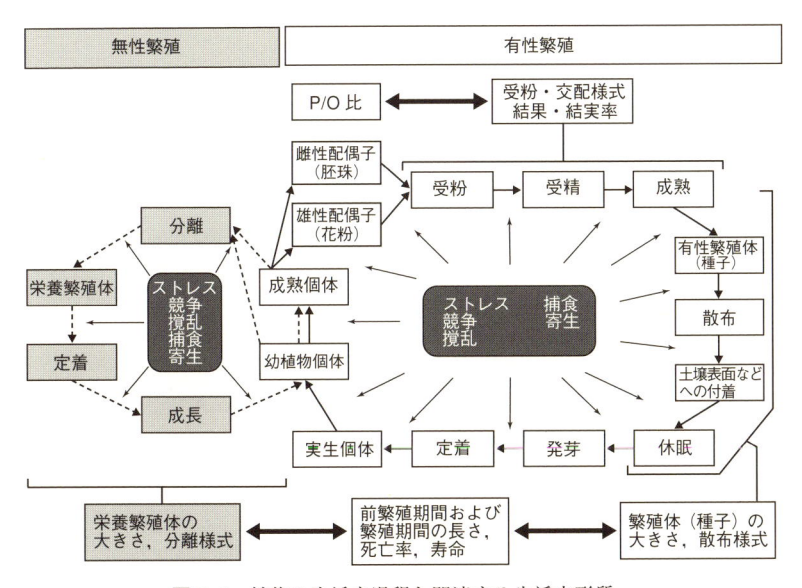

図3-1 植物の生活史過程と関連する生活史形質．

表 3-1　植物の生活史特性にかかわる形質

1. 成長
    (1) 一年生，二年生，多年生
    (2) 前繁殖期間の長さと一生の長さ
2. 繁殖回数と繁殖活動
    (1) 一回繁殖型
    (2) 多回繁殖型
3. 性表現
    (1) 花レベル(両性花，単性花)
    (2) 個体レベル(両性個体，単性個体)
    (3) 個体群レベル(雌雄同株，雌雄異株)
4. 繁殖システム
    (1) 無性生殖
        (a) アポミクシス
        (b) 栄養繁殖(匍匐枝，地下茎，萌芽，むかご，地下匍匐枝)
    (2) 有性生殖
        (a) 自殖と他殖
        (b) 自家和合性と自家不和合性
        (c) 雌雄離熟と雌雄異熟
        (d) 異型花柱性
        (e) 閉鎖花と開放花
5. 相互作用
    (1) 送粉システム(風媒，虫媒，鳥媒，水媒など)
    (2) 繁殖体(種子など)の散布(風散布，アリ散布，鳥散布，水散布など)
    (3) 菌類との共生
6. 繁殖活動へのエネルギー投資率(reproductive allocation)
    (1) 花被，苞，蜜腺などの前駆段階への投資
    (2) 花茎，花梗，花序などの支持器官への投資
    (3) 個体当たりの総繁殖体(種子)への投資
    (4) 種子や栄養繁殖体への投資
7. 生産繁殖体(有性繁殖体，無性繁殖体)の数と大きさ
8. 種子休眠と埋土種子
9. 個体群構造
    (1) 時間的構造(成長率，生存率，死亡率)
    (2) 空間的構造(一様分布，ランダム分布，集中分布)
    (3) 遺伝的構造(ハーディー・ワインバーグ平衡，近交係数)

花したのち枯れることはなく，翌年もまた花を咲かせて，私たちの目を和ませてくれている。私たちが経験的に理解していることでも，一生の長さ，開花の回数・頻度などはそれぞれの植物が生育する環境とともに進化させてきた特徴である。ここでは，植物の生活史特性を理解するための基礎的語句や概念を整理しておこう（図3-1，表3-1）。

3-1 一生の長さ

　植物では，寿命というものを厳密に定義するのはなかなか難しい。しかし，上述したアサガオやヒマワリのように1年間でその一生を完結するものは一年生植物（annual plant）と呼ばれる。この定義で分けると，野外の植物で一年生植物を分類するには丁寧な生態観察が必要であるが，路傍に生えるシロザや，低地の帰化種アメリカセンダングサなどが一年生植物である。その一方で，一生を複数年かけて終わるものは多年生植物（perennial plant）と呼ばれる。サクラなどの多くの木本類は，多年生植物であることは容易にイメージできると思うが，さまざま環境に適応進化した25万種もの植物，一生の長さもそう単純ではない。

　誰もが知っているニンジン。でも，ニンジンの花を見たことがある人は，どれくらいいるであろうか。おそらく，多くの人はニンジンの花は見たことがないと，答えるであろう。なぜなら，私たちが食用としているオレンジ色の部分は，ニンジン（*Daucus carrota*）という植物が，本来翌年に開花するために蓄えた資源の部分を食べているからである。ニンジンは，最初の1年は，種子から発芽，展葉し，光合成を行うことにより，地下部に資源を蓄え，翌年の開花に備える。我々人間は残酷にも，ニンジンの繁殖という生活史を断ち切る形で利用しているのである。ニンジンのように，発芽から繁殖して，枯死するまでの期間を2年以内で終えるものを二年生植物（biennial plant）と呼ぶ。作物では，ニンジンのほかサトウダイコンが代表的な二年生植物である。しかし，実際の野生植物では典型的な二年生植物（真性二年草：strict biennial）は稀で，生活環の長さは1年から数年まで変化する場合が多く，このような植物は可変的二年草（facultative biennial）と呼ばれる。

3-2 繁殖回数

植物は一生のうちに何回，繁殖（開花・結実）するのであろうか。先にあげた一年生植物や二年生植物は，一生に一度だけ繁殖するため，一回繁殖型（monocarpy）と呼ばれる。これに対して一生のうちに複数回繁殖するものを多回繁殖型（polycarpy）と呼ぶ。多くの多年生植物は一度開花するとその後も開花する多回繁殖型多年生植物（polycarpic perennial plant）である。さらにこの多回繁殖型多年生植物のなかには，サクラのように毎年開花するものもあれば，開花する年と，開花しない年が存在する植物もある。また，ブナなどでは何年かの間隔をおいて開花・結実するとともに，その開花する年が個体や個体群間で同調する豊凶（masting）現象も見られる。

多年生植物では多回繁殖が一般的であるが，なかには長い年月をかけて開花に到達しながらも，一度の繁殖で個体が枯死してしまうものがある。このような植物は一回繁殖型多年生植物（monocarpic perennial）と呼ばれる。木本性低木のササやタケ，草本ではイトラン属の *Yucca whipplei* やリュウゼツラン属（*Agave*）の数種，第9章で生活史を紹介するオオウバユリ（*Cardiocrinum cordatum*）などがこれに相当する。

3-3 花の構造

図3-2には，小中学校の理科の教科書などで紹介されている被子植

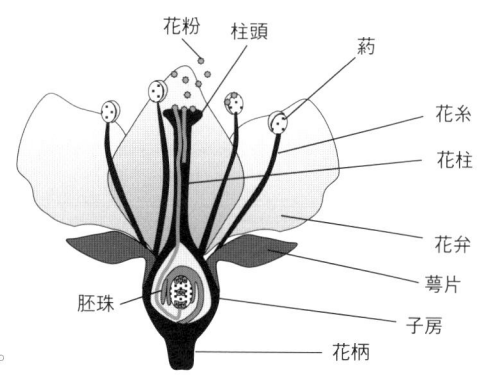

図3-2 被子植物の花の構造。

物の花の構造を示した。この図では「花弁」と「萼片」が区別されているが，チューリップやユリの花を見てみると，この両器官の明瞭な区別はなく，花弁と萼片を合わせて「花被」と呼ばれる。被子植物の大部分の花の花弁は，花の外側の雄しべが不稔化し，赤や黄に着色したものか，萼片が花弁化したものである。また，ヒマワリやスズランのように一つ一つの花が集合したものは花序と呼ばれる。

いわゆる雄しべ (stamen) は葯と花糸から構成されており，その葯の中に花粉 (pollen) が入っている。葯が成熟すると裂開して，中に含まれる花粉が放出される。一方，雌しべ (pistil) は，花粉が付着する柱頭，そして柱頭上で発芽した花粉から伸長した花粉管が通る花柱，花粉管が到達する子房から構成されている。そして，子房の中には種子のもととなる胚珠 (ovule) が包まれている。

Box 3-1　花の器官形成の分子メカニズム

シロイヌナズナやキンギョソウは，植物における花芽形成や開花に関与する遺伝子を同定したり，その遺伝子の相互作用を理解するうえで，貴重なモデル植物である。花芽の形成には三つの開花反応経路が関与しており，成熟個

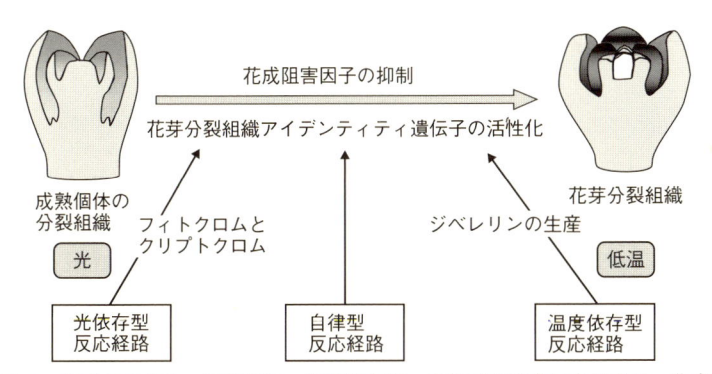

図3-3　花成のモデル。光依存型，温度依存型，自律型の花成反応経路は，花成阻害因子を抑制し，花の分裂組織アイデンティティ遺伝子を活性化することにより，成熟個体の茎頂分裂組織から花芽分裂組織の形成を誘導する（Raven et al. 2005 より）。

(Box 3-1 続き)

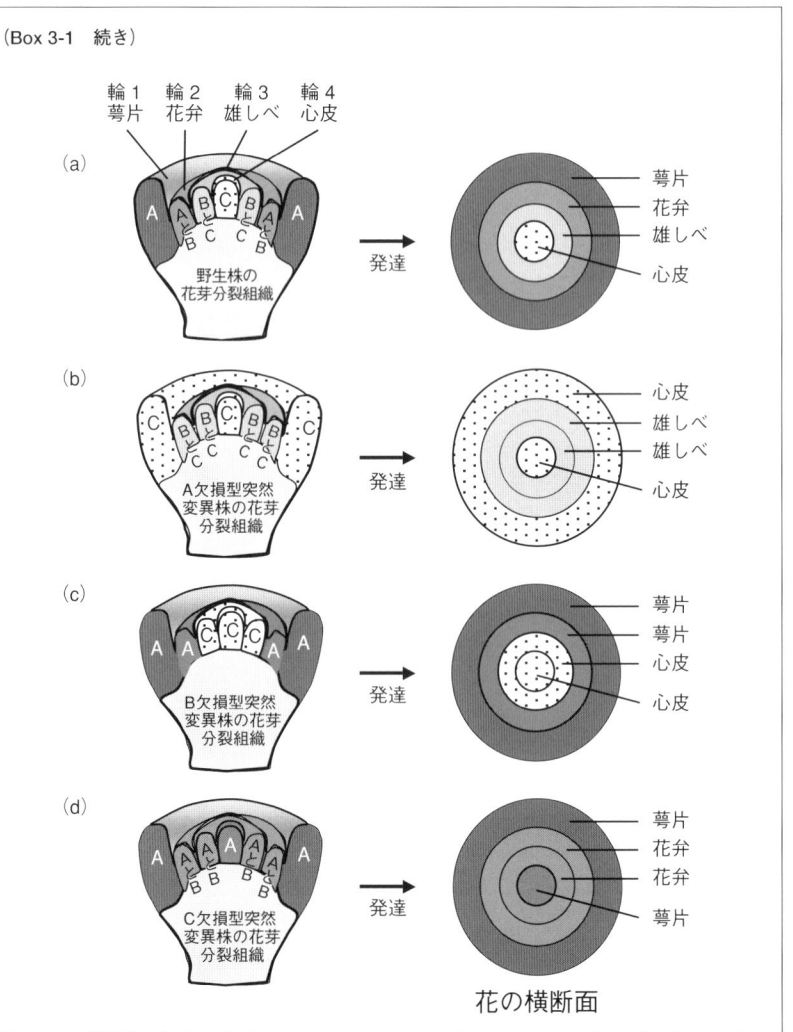

図 3-4 花器官を決定する ABC モデル (Raven et al. 2005 より)。輪に示されている文字は，その遺伝子クラスが機能していることを示す。遺伝子発現のパターンの新しい組み合わせが，それぞれの輪の中でどのような花の構造が作られるかを変化させる。(a) 正常に遺伝子発現した野生株。(b) A の機能が失われ，C が 1 番目と 2 番目の輪にまで発現するようになる。(c) B の機能が失われると，外側の二つの輪に A のみが機能するようになる。そして，内側の二つの輪には C のみが機能するようになり，どの輪にも二つの遺伝子の両方が機能しないことになる。(d) C の機能が失われると，A が内側の二つの輪に機能するようになる。

(Box 3-1 続き)

体の分裂組織を，花の分裂組織のアイデンティティ遺伝子を活発化させたり，あるいはその抑制を妨げることによって，開花分裂組織になるように誘導する（図3-3）。重要な花の分裂組織のアイデンティティ遺伝子は，*LEAFY*と*APETALA1*である。これらの遺伝子は，分裂組織を花の分裂組織として確立する働きをし，花器官のアイデンティティ遺伝子のスイッチを入れる。花器官のアイデンティティ遺伝子は花の分裂組織を外側から順に，萼片，花弁，雄しべ，心皮と四つの同心円状の輪の境界を定める。Coen & Meyerwitz (1991)は，ABCモデルと呼ばれるモデルを提唱し，どのようにして三つのクラス (A, B, C) の花器官アイデンティティ遺伝子で四つのはっきりした花器官が特定できるのかを説明した（図3-4）。彼らは突然変異体を調べることにより，以下のことを明らかにした。

1. クラスA遺伝子は，単独で萼片を作る。
2. クラスAとクラスB遺伝子は，一緒に花弁を作る。
3. クラスBとクラスC遺伝子は，一緒に雄しべを作る。
4. クラスC遺伝子は，単独で心皮を作る。

このABCモデルがすばらしいのは，花器官アイデンティティ遺伝子突然変異体の異なる組み合わせを作ることにより，完全にテストが可能である点である。遺伝子のそれぞれのクラスは，遺伝子産物の四つの組み合わせを作りながら，二つの輪の中で発現されている。どれか一つのクラスが欠失すると，予想される部分に異常な花の器官が生じる。

しかし，これはあくまで，一つの花の形成の出発点であることを認識することが大切である。これらの器官アイデンティティ遺伝子は，次に実際に三次元の花を作り上げるその他の多くの遺伝子のスイッチを入れる転写要因なのである。たとえば，花弁に「色つける」という別の遺伝子などは，複雑な生化学的反応経路によって液胞にアントシアン色素を集積させるのである。これらの色素は，オレンジ，赤，または紫などであったり，また，実際の色は土壌のpHによっても影響される。

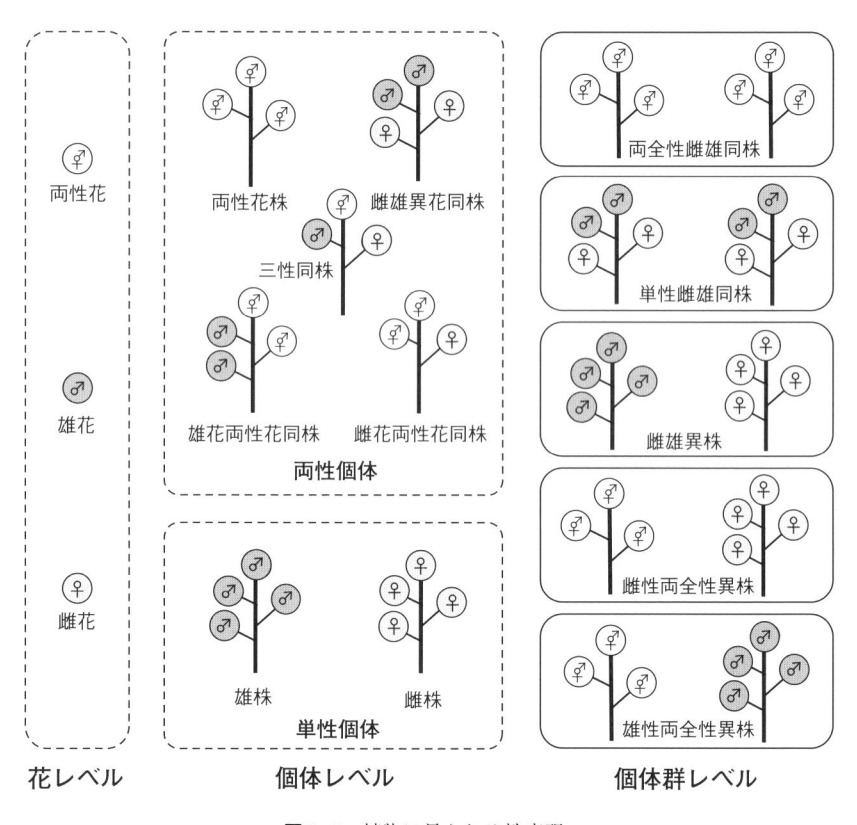

図3-5 植物に見られる性表現。

3-4 性表現

　動物では，雄個体と雌個体が別々の個体であることが多いが，植物では「花レベル」，「個体レベル」，「個体群レベル」で多様な性表現が見られる（図3-5）。図3-2で示した花は，一つの花の中に雄しべと雌しべがあり，すなわち一つの花に雄と雌の両方の性が存在することから「両性花」と呼ばれる。それに対して，ヘチマのような場合は，花が雌しべだけからなる「雌花」と雄しべだけからなる「雄花」からなることから「単性花」と呼ばれる。しかし，花レベルでは雄（雄花）と雌（雌花）が別々であっても，ヘチマやトウモロコシのように個体レベルで見ると両

方の性が存在する場合も少なくない．このような植物では「両性個体」と呼ばれる．なかでも，両性花のみからなる両性個体は「両全性個体」と呼ばれる．また，両性個体には，単純に同じ個体上に雄花と雌花が存在する以外にも，雄花と両性花（ウメ・ツユクサ），雌花と両性花（カワラナデシコ），雄花・雌花・両性花のすべて（オオモミジ）など，多様な性型のコンビネーションが存在する．一方，雄花のみからなる雄個体と雌花のみからなる雌個体をもつフキやイチョウの場合は「単性個体」と呼ばれる．

　このように植物では花レベルや個体レベルで多様な性型が存在するが，実際の植物は単体で生育していることは稀で，かつ植物は固着性であるため，個体群レベルでの性型の頻度や分布はその生活史特性と密接に関連していると考えられる．その意味で，両全性個体および両性個体からなる個体群は広い意味で「雌雄同株（monoecy）」と言える．その一方で，雄個体と雌個体からなる個体群は「雌雄異株（dioecy）」と呼ばれる．さらに，雌個体と両全性個体からなる場合は「雌性両全性異株」，雄個体と両全性個体からなる場合は「雄性両全性異株」と呼ばれる．

　雌雄異株の場合は，雄個体は自らがもつ花粉を雌個体へ移動させ，一方，雌個体は雄個体から花粉を受けとらない限り，自らの遺伝子を残すことができない．たとえば，雌雄異株の場合，個体群内に雄個体と雌個体がそれぞれ50個体ずつ存在していたとしても，雄個体同士・雌個体同士が集中して存在しては，花粉のやり取りが効率的に行われない．また，雌性両全性異株に関しても，雌個体は両全性個体の雄しべから花粉をもらう必要がある．したがって，野外の植物個体群では，個体の性型とその空間的配置（空間分布）がその繁殖様式と密接に関連している．

　雌雄異株植物のなかでもサトイモ科テンナンショウ属植物では，個体が，雄個体から雌個体または雌個体から雄個体と可逆的に性転換（sex change）を行う．動物では魚類やエビ類，貝類などの特定の種で性転換が行われることが知られているが，動物の場合は，たとえ個体の雌雄が変化しても繁殖に関しては移動することができる．しかし，植物は移動

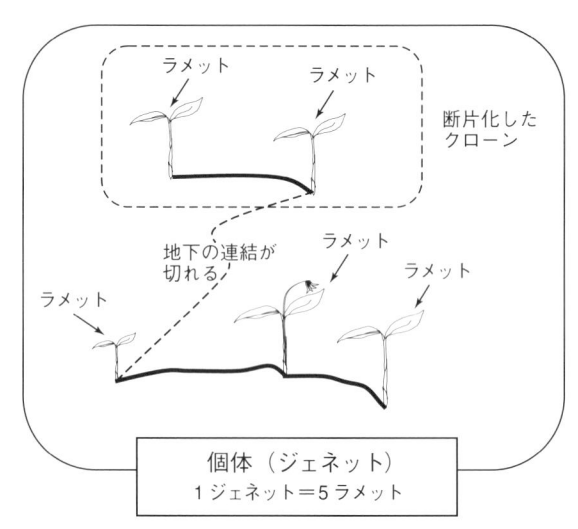

図 3-6 クローナル植物におけるジェネット，ラメットとクローン断片の関係．

できないため，性転換することは，個体群内における雄個体と雌個体の空間分布が年次変動することになり，性転換のメカニズムと合わせてその繁殖特性は非常に興味深い．

3-5 植物における個体性

　動物ではアリからゾウまで，そのサイズの大小はあるものの多くの場合「個体」の認識が比較的容易にできる．しかし，多年生植物のなかにはクローナル植物（clonal plant）と呼ばれる植物群が存在する．このクローナル植物が植物における個体性の把握を難しくしている．その一方で生活史研究を面白いものにしているのも事実である．まず，クローナル植物を含む植物の個体性を認識するための重要な用語を説明しよう（図 3-6）．それは，植物体の生理的・遺伝的構造のユニット（単位）を示す，ジェネット（genet）とラメット（ramet）である．ジェネットは，これまで述べてきた「花」を介した雄性配偶子と雌性配偶子の受精によって行われる有性繁殖（sexual reproduction）によって得られる単位をさす．それに対して，ラメットは，イチゴやシロツメクサのような匍匐する

走出枝やイネ科植物のような分げつ，そのほかイモやユリのように地中の貯蔵器官（塊茎・球茎）から生じるシュート（地上茎）をさす。したがって，地上からはそれぞれのシュートの間に連結が見られず，あたかも独立した個体のように見えたとしても，それらが地下で連結していれば，個々のシュートはラメットであり，そのラメットの集合体がジェネットということになる。さらに，注意しなければならないのは，ラメットの集合体は必ずしもいつまでも連結してはおらず，物理的・生理的な相互の連結が切れ，分離されても独立して生きている場合も少なくない。しかし，その場合も，各ラメットは一つのジェネット由来であることには変わらない。このようにラメットの集合が分離し，独立した「個体」になることをクローンの断片化 (clonal fragmentation)」と呼ぶ。分離し，独立したラメットに関する相互の関係を理解するためには，単なる地下部の掘り起こしでは理解することはできず，第9章で紹介するスズランの事例のように，遺伝マーカーを用いた個々のシュートの遺伝的類似性を評価するしかない。

Coffee Break　フレッド・ユーテックさんとの出会い

　1982年，修士論文を書き終えた僕は，もう生活史研究の虜(とりこ)になっていました。フィールドワーク，室内の計測すべてが。そんなときに，河野先生から「エンレイソウ属植物の生活史研究をアメリカまで広げてみないか」というお話をいただきました。僕は，わくわくでした。エンレイソウ属植物は北米大陸により多くの種が分布し，その分布域，外部形態も非常に多様だからです。ぜひ北米のエンレイソウ属植物を見たかった。そして，「もっと，もっと英会話も上手になりたい」と思っていたので，自己研鑽のためにもとてもありがたい機会と思いました。

　アメリカで僕を受け入れてくださったのが，東北部に位置する都市ピッツバーグのカーネギー自然史博物館のフレッド・ユーテック (Fred Utech) さんでした。フレッドさんは，アメリカでの学位修了後，富山大学に在職中の河野先生の研究室でポスト・ドクをされていました。そんなつながりで僕を受け入

(Coffee Break　続き)

れてくれることになったのです。ただ、その当時は現在の海外学振の制度はなく、両親にお願いして留学（＋仕送り）の許可をもらいました。当時は、1ドルが250円の時代です。マクドナルドのハンバーガーでさえも1,000円以上になってしまいます。そんなときにフレッドさんと奥さんのスージー (Susie) さんは、僕をお家に居候させて下さいました。当時、2歳だったお嬢さんベッキー (Becky) と、不思議な、でもとても楽しい4人の生活が始まりました。

　1982年は、北米東部のアパラチアン山脈を中心に分布する種を中心に調査を開始しました。広いアメリカ大陸を、ドライブしての、キャンプ生活。エンレイソウの調査のほかにも標本庫の交換標本の作成など、勉強になることばかりでした。当初は、1982年の4月から6ヵ月の滞在の予定だったのですが、その年に開花期と結実期のデータが取れたのが、12種。北米には、あと30種以上のエンレイソウが生育しています。まだまだ、他の種も調査してみたいと後ろ髪を引かれる思いで、同年の9月、そろそろ帰国のことも考えていたときに、フレッドさんが「来年の春もまだエンレイソウを見に行こうじゃないか」と言ってくださったのです。こんな居候がお家に長くいてよいのだろうかと、申し訳ないと思いながらも、僕は本当にありがたく思いました。そして仕送りを続けてくれた両親にも感謝しています。結局、僕のアメリカ滞在は1982年の4月～1983年の10月の1年半に及びました。知らず知らずのうちに、車の走行距離は20万キロを超えていました。

　この間に、北米東南部の希少種、北米西部の種を含め、アメリカのほとんどのエンレイソウ属植物を網羅することができ、そのお陰で学位論文「エンレイソウ属植物の比較生活史研究」をまとめることができました。いまでも、ピッツバーグを訪れるたびに、フレッドさんご一家は、僕を家族として温かく迎えてくれます。「welcome back」と。

4章
植物の個体群構造

　ある特定の同じ地域に生息する同種の個体の集合が個体群（population）である。一口に「個体群」[*]といっても，そこにはさまざまな側面（構造）が存在し，その表現方法（調査の切り口）も多様である。たとえば，個体群内には，相対的に年齢の若い個体やより年月を経た個体，あるいは大きな個体や小さな個体が混在する。それを表現するのが，齢構造（age structure）やサイズ構造（size structure）である。また，個体群内の各個体の分布は空間構造（spatial structure）として表現される。さらに，個体群内の遺伝子頻度や遺伝子型の分布は，遺伝構造（genetic structure）として表現される。したがって，個体群生態学（population biology）は，それぞれの構造がどのようにして形成されたのか，それぞれの個体が互いにどのように影響を及ぼし，また時間とともにどのように変化するのかを明らかにする学問分野である。

　本章では，植物個体群がどのように構成され，またその個体群構造が生態学的または進化学的にどのように変化するのかを見ていく。生物がさまざまな環境に適応して生きているという観点から見ると，植物個体群は他の生物群と比べて特別な存在ではない。しかし，植物が固着性で，独立栄養をするということは，移動能力をもち（移動により環境を回避できる），また従属栄養を行う動物などとは異なるさまざまな興味深い特徴をもつ。

---

[*]　生態学では英語のpopulationを「個体群」と訳すが，遺伝的な内容に関しては「集団」のほうが慣例上理解しやすい場合もある。

4-1　生命表と生存曲線

　個体群が時間の経過に伴ってどのように変化するかは，さまざまな外的および内的要因によって支配されている．その個体群の変化を定量的・統計的に評価するのが個体群統計学 (demography) である．ここでは，demography を個体群統計学と訳したが，元来は，ギリシャ語の「demos＝人々」と「grahos＝描く」に由来する言葉で，人口統計学とも訳される．その由来どおり，この学問の基礎的な発想は，人間を含む動物の個体数の変動を理解することに端を発している．対象とする生物個体群全体が一定に維持されているか，増加しているか，あるいは減少しているか．もしも，出生数が死亡数より多い場合には個体群は増大し，死亡数が出生数より多い場合には個体群は減少する．それは，個体群を同じ齢の個体からなるグループ (たとえば1歳ごと) に分割し，それぞれのグループの出生率 (birth rate) と死亡率 (mortality rate) に関する調査を行えば，その個体群の動向が理解できる．

　ほとんどの生物で，個体の出生率と死亡率が一生の間に変化する．死亡率は，生命表 (life table) を作成することにより把握することができる．生命表はもともと，生命保険会社が保険金を支払う利率を算出するために，各年齢の死亡率を把握する目的で作られたのが始まりである．生命表は一つの同齢集団 (cohort) の出生から死亡までの運命を追跡し，表にまとめたものである．生命表から，個体群内の個体が各齢まで生き残る確率，つまり生存率 (survivorship) と死亡率 (mortality rate) を算出することができる．

　多くの生命表は，以下の要素から構成されている．

　　x＝齢
　　n_x＝齢 x における生存個体数
　　l_x＝齢 x の始まりまでに生き残っていた個体の割合
　　d_x＝齢 $x+1$ までの間に死亡した個体数
　　q_x＝齢 x と齢 $x+1$ の間の死亡率

　実際には x (齢) と n_x (齢 x における生存個体数) がわかれば，ほかの

4-1 生命表と生存曲線

要素は以下のように全て算出することができる。

$$n_{x+1} = n_x - d_x$$

$$q_x = \frac{d_x}{n_x}$$

$$l_x = \frac{n_x}{n_0}$$

したがって，生命表作成で重要なのは，調査の最初に決める齢の間隔（調査間隔）と，それを基準とした丁寧な追跡調査になる。細かく齢を刻んで調査するにこしたことはないが，労力もそれに伴って増えることになる。大型哺乳類や樹木ではおおむね5年間隔，シカ，鳥や多年生草本では1年ごと，野ネズミや一年生植物では1ヵ月というように，対象生物に合わせた齢間隔を決めることになる。

表4-1は，スズメノカタビラ (*Poa annua*) の生命表である。この植物の場合は3ヵ月を1齢として観察を行っている。この研究では，843個体の運命を追跡調査し，期間ごとにどれくらいの個体が生き残ったのかを，最後の個体が枯死するまで調査を行っている。

生命表をもとに，各齢における生存個体数をプロットしたのが生存曲線 (survivorship curve) である。図4-1 (a) には，生物の教科書などでもよく示されている典型的な三つの生存曲線の型（実際の野外生物ではより複雑なパターンを示すが）を示した。生存曲線では，生物間でその観察個体数が異なる場合が多いため，その型を相互に比較するために，

表4-1 スズメノカタビラ (*Poa annua*) の生命表 (Law 1975 より)

齢 (3ヵ月ごと) (x)	生存数 (n_x)	生存率 (l_x)	期間中の死亡数 (d_x)	期間中の死亡率 (q_x)
0	843	1.000	121	0.143
1	722	0.857	195	0.271
2	527	0.625	211	0.400
3	316	0.375	172	0.544
4	144	0.171	90	0.626
5	54	0.064	39	0.722
6	15	0.018	12	0.800
7	3	0.004	3	1.000
8	0	0.000		

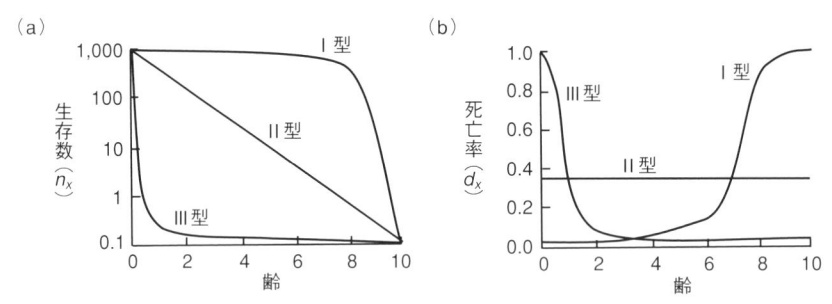

図 4-1 生存曲線の三つの型（a）と，その生存曲線に対応する死亡率曲線（b）。I 型は，後期に死亡率が上昇する。II 型は，年齢に対して一定の死亡率。III 型は，初期に死亡率が最も高い (Pearl 1928)。

縦軸のスタートを 1,000 個体に換算する場合が多い。

生存曲線は，裏返すと種あるいは個体群の「死亡パターン」(図 4-1(b)) を示したものである。たとえば，I 型は，ヒトなどの哺乳類で，生まれる子どもの数は少ないものの，幼児期は親による手厚い保護のために死亡率が低いが，生殖齢を過ぎると死亡率が急激に高くなる。その反対に III 型を示す生物種では，非常に多くの子どもを産むが，生殖齢までにはわずかしか生き残れない。しかし，生殖齢まで成長した個体の死亡率は非常に低い。直線で示された II 型は，どの齢でも同じ割合で個体が死ぬことを示している。先ほどの，スズメノカタビラの生存曲線を描いてみると，おおむね II 型に類することがわかる (図 4-2)。

4-2 個体群の成長

個体群の増加率 (r) は，以下の式のように出生率 (b) と死亡率 (d) の差を，個体群への移出 (e) と移入 (i) で補正した値で示される。

$r = (b - d) + (i - e)$

個体群の成長の最も単純なモデルは，ある個体群が制限なしに最大の割合で成長し，移入と移出の速度が等しい ($i - e = 0$) と仮定したものである。ある個体群の個体数を N，時間 t の間の個体数の変化率は dN/dt で表される。そして，単位時間当たりの個体群の増加率 (r) は，

4-2 個体群の成長

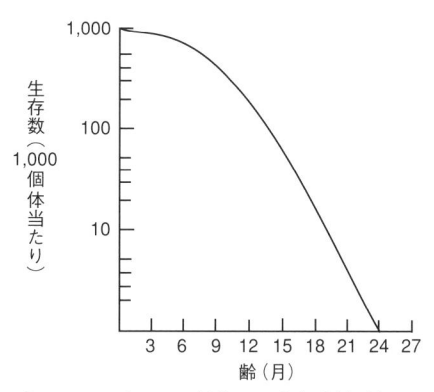

図4-2 スズメノカタビラの同齢集団の生存曲線（表4-1より作成）。

出生率（b）と死亡率（d）の差によって示されるため，それらの関係は

$$\frac{dN}{dt} = bN - dN = (b-d)N = rN \tag{1}$$

と表すことができる。rの値は，環境条件が安定し個体群の齢構成が安定しているときには一定となり，その環境条件下でその種がとりうる増加率の最大値を示す。そのようなrの値は内的自然増加率（intrinsic growth rate）と呼ばれる。

また，ある時刻tにおける個体数$N(t)$は，rと最初の個体数N_0で決まる。そこで，式（1）を

$$\frac{1}{N}dN = r\,dt$$

のように，変数Nとtに関する項を分離して，両辺を積分すると

$$\int_{N_0}^{N(t)} \frac{1}{N}dN = \int_0^t r\,dt$$

$$\ln N(t) - \ln N_0 = rt - r \cdot 0$$

が求められる。その結果，

$$N(t) = N_0 e^{rt}$$

となる。したがって，時間tに対して個体数Nをプロットすると指数関数的成長曲線が得られる。図4-3からもわかるように，内的自然増加率が一定でも，個体群が大きくなると実際の個体数は急速に増加する。

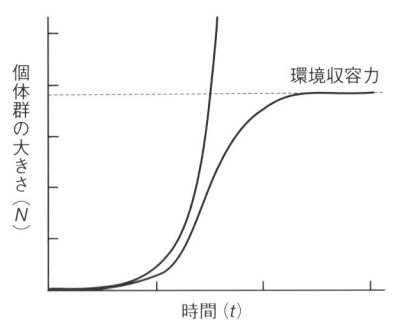

図 4-3 個体群の成長に関する指数関数成長曲線とロジスティック（シグモイド）成長曲線。指数関数成長では，増加率が一定でも，個体群が大きくなると実際の個体数は急激に増加する。ロジスティック成長は初期の段階では指数関数的に急成長し，資源の限界に達すると死亡率が増加し，成長率が低下する。そして，死亡率が出生率と等しくなったときに成長が止まる。

しかし，個体群がどのように急速に成長しても実際には空間，光，水分，栄養分などのさまざまな環境要因の制限を受ける。その環境要因の制約のなかで個体群がある程度の大きさで安定化するとき，それを環境収容力 (carrying capacity) と呼ぶ。つまり，環境収容力はその環境が維持できるその生物個体群の最大の個体数を意味する。図 4-3 に示すように，個体群がその環境収容力の限界に達したとき，新しい個体が利用できる資源が少ないため，成長率は大幅に低下する。このような状態の個体群の成長曲線は，以下のロジスティック方程式で近似できる。

$$\frac{dN}{dt} = rN\left(K - \frac{N}{K}\right)$$

K は環境収容力を示す。

このモデルでは，個体群の成長率 dN/dt は，利用可能な資源量に見合った自然増加率となる。式 (1) の右辺に掛けた $(K - N/K)$ は K の割合を示す。N が増加する（個体群が大きくなる）に伴い，残っている資源が徐々に少なくなると，個体群の増加率が低下する。そして，個体数 N が K になると $(K - N/K) = 0$ となるので，個体数の増加は見られなくなる。逆に，もしも個体群の大きさが環境収容力を超えると，$K - N$ は負になり，個体群は負の成長率をもつことになり，dN/dt の値は上方

からKに向かって減少する。時間（t）に対して個体数（N）をプロットしたグラフでは，多くの生物個体群で特徴的なS字型の増加曲線が描かれる（図4-3）。これを，シグモイド曲線（sigmoidal growth curve）と呼ぶ。

4-3 個体群を調節する要因

　個体群の密度は，個体当たりの出生率や死亡率に影響を与える。密度が上昇するに伴い出生率の低下や死亡率が増加，またあるいはその両方が生じる。このように個体群成長率が個体群の大きさの影響を受けるのは，重要な成長過程の多くが密度依存的効果（density-dependent effect）を受けているからである。特に，固着性の植物においては，個体群内の各個体は，同種間であっても光環境，栄養塩類をめぐり競争を行っている。

　植物における個体間の競争による密度効果を見事に表現したのが，日本を代表する生態学者であるYoda et al.（1963）による自己間引き則（self-thinning rule）または3/2乗則（－3/2 power rule）と呼ばれる法則である。Yoda et al.（1963）は，耕作放棄地に生育する一年生草本ヒメムカシヨモギ（*Erigeron canadensis*）の個体群で調査を行い，経験的に3/2乗則を発見した。この自己間引き則は同齢の植物個体群の個体サイズと密度との関係を示すもので，個体群内の個体間の競争による死亡率が以下に示すような3/2乗の傾きをもった理論的な直線に従うというものである（図4-4）。

$$\log w = -\frac{3}{2}(\log d) + C$$

ここでwは平均個体重，dは個体密度，Cは定数である。

　当初，この法則は経験的に示されたものであるが，その後，栽培植物を含むさまざまな植物個体群で研究が行われ，その法則が同種間だけではなく，異なる種間での密度効果にも適応できることが示されている（White 1980, Hutchings 1983, Westoby 1984）。もちろん，その後さまざまな研究が行われ，2/3則に適合しない事例も報告されている（Weller

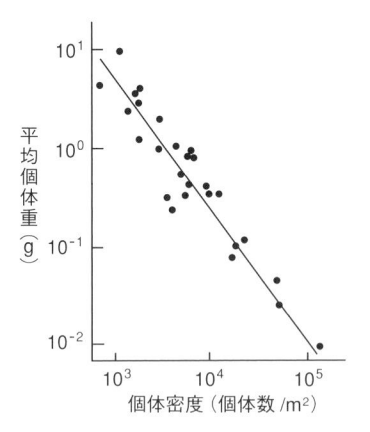

図 4-4 シロザの密度と個体重の関係。このグラフの傾きは −1.33 で，自己間引きの理論値である 3/2 乗の傾きとほぼ一致する。個体群が高密度，低密度のどちらの密度からスタートしても密度と個体重の関係はこの線にそって変化し，またこの線上の平衡点に到達する（Yoda et al. 1963 より）。

1987, 1991)。しかし，この自己間引き則の発見のすばらしい点は，資源をめぐり植物個体間で競争が生じることを明らかにし，さらに個体群密度が増加するに伴い，個体サイズがより小さくなるというような植物において可塑的な成長が生じるという「トレードオフ (trade-off)」関係を示したことにある。

4-4 個体群の成長と生活史戦略

　野外の生物個体群では，環境収容力に近いところで安定した個体群を維持する種もあれば，その一方で，個体群の大きさが著しく変動し，時には環境収容力をはるかに下回る大きさになる種も存在する。たとえば，環境収容力に近い大きさの個体群ではより限られた資源をめぐる競争が生じ，その競争を勝ち抜き，効果的に資源を利用できる個体が有利である。このように環境収容力 (K) 付近の高密度に適応して高い競争力をもつように選択された種は K-選択 (K-selected) 種と呼ばれる。対照的に，環境収容力をはるかに下回る個体群では資源は豊富であるため，より多くの子孫を作る個体が選択される。このような繁殖力が高

く，本来の内的自然増殖率 (r) を最大にするように選択された種は，r-選択 (r-selected) 種と呼ばれる。

　Pianka (1970) は，この r-選択と K-選択の特徴を表 4-2 のようにまとめた。この対比はそもそも動物を対象としてまとめられたものであるが，その特徴は植物にも当てはめることができる。たとえば，いわゆる雑草の多くは r-選択種の特徴をもつ。r-選択の種は変動環境に生育する，種子から直ちに発芽し成長が早い，短命（一年生草本）である，高い種子生産を行う，などの特徴をもつ。一方，植物における K-選択種は，極相林の樹木に代表されるように安定した環境に生育し，ゆっくりとした成長を行い，高い競争能力をもつ。

　また，イギリス・シェルフォード大学の Grime (1935 -) は，植物の成長と繁殖に及ぼす二つの要素に着目し，植物の生活史戦略を整理した

表 4-2　r-選択と K-選択の特徴（Pianka 1970 より）

パラメーター	r-選択	K-選択
気候	変化に富み，または（あるいはそれに加えて）不規則に変化する	安定しているか，または（あるいはそれに加えて）規則的に変化する
死亡	破壊的に起こることが多い。方向性なし。密度に依存しない	方向性あり。密度に依存する
生存曲線	III 型が多い	I 型，II 型が多い
個体数	変化が甚だしく，平衡がなく，通常，環境収容力よりずっと低いレベルにある。飽和していない生物群集中にあり，毎年再侵入がある	安定しており，平衡状態にあって，環境収容力の限界に近い高密度，生物群集は飽和していて，再侵入なしに個体群を保つ
種内競争・種間競争	程度はいろいろだが，穏やかなことが多い	通常きびしい
選択された形質	1. 早い発育 2. 高い内的増殖率 3. 早い繁殖 4. 小さい体 5. 1回の産卵で全部の卵を産む性質 6. 小さい子を多産する	1. ゆっくりした発育 2. 高い競争能力 3. ゆっくりした繁殖 4. 大きい体 5. 何回も繁殖する性質 6. 大きい子を少し産む
生存期間	短い（1年以下が多い）	長い（1年以上が多い）
生態遷移の段階	初期段階	後期段階，極相

表4-3 Grime (1977, 1979) の三つの繁殖戦略

撹乱の強さ	ストレスの強さ	
	小	大
小	競争 (K) 戦略	耐ストレス戦略
大	荒れ地 (雑草あるいはr) 戦略	生育できない

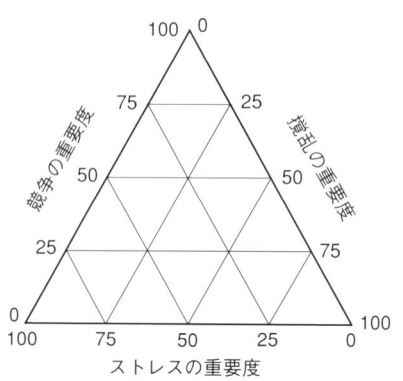

図4-5 Grimeの植物の生活史戦略に関するC-S-R戦略モデル (Grime 1979)。植物は，競争 (C)，ストレス (S)，撹乱 (R) の三つの要素の相対的な重要度に応じてさまざまな三角形の中に位置づけられると考えた。

(Grime 1977, 1979)。一つは，光，水分，温度，栄養塩類などの欠如による物理的・化学的な制約で，彼はこれらをストレス (stress) と呼んだ。もう一方は，捕食，病気，霜，野火，干ばつ，土壌浸食などを含む撹乱 (disturbance) である。そして，Grime は，表4-3 に示すようなこの二つの要素からなる四つの組み合わせを考えた。しかし，ストレスと撹乱の両方が強い場合には，植物は生育できないため，三つの戦略に区分される。一つ目は，競争戦略 (competitive strategy) で，ストレスも撹乱も少ない条件下でK-戦略的な特徴をもつ。資源をめぐる競争が強いため，光合成産物を茎や根に多く配分し，成長速度を大きくしている。また種子生産量も比較的低い。二つ目は，耐ストレス戦略 (stress tolerant strategy) で，撹乱は小さいが，大きなストレスのある条件下で生育する。これらの植物は，わずかな資源でも生育できるが成長速度は遅

く，常緑性や長い寿命の葉をもっている。また，種子生産量は低い。三つ目は，荒れ地戦略 (ruderal strategy) で，ストレスは小さいが，荒れ地のように撹乱が大きい環境に生育し，r-戦略的な特徴をもつ。これらの植物は，雑草性の一年生草本のように，個体サイズは小さく，成長が早く，多くの資源を種子生産に投資する。この Grime の生活史戦略モデルは，この三つのカテゴリーの頭文字をとって，C-S-R 戦略モデルとも呼ばれる（図 4-5）。

4-5 ステージ（サイズ）・クラス構造

表 4-1 (p.53) で紹介したスズメノカタビラは短命の植物であるため，個体群を構成する全個体の運命を追跡調査することが可能であった。しかし，人間の寿命よりもはるかに長い年月を生き続けるものも少なくなく，樹齢何百年というスギも多数存在する。このような植物に関しては，追跡調査を行うのは現実的ではない。そこで用いられるのが齢構造 (age-structure) である。これは，対象とする生物個体群において，その時点で個体群内に各年齢の個体数がどの程度分布しているかを示したもので，いわゆる国勢調査時に作成される人口ピラミッドに相当するものである（図 4-6）。年輪を残す樹木の場合は，個体群内の各個体より成長錐でコアを抜き取り，年輪を数えることで，齢構造を作成することができる。

しかし，植物では樹木の年輪のように年齢を特定できる場合は少ない。庭や路傍で咲いている草本植物はいったい何歳なのだろうか？　ただし，ここで重要なのは，動物では年齢とともに成長段階および繁殖能力が変わるが，植物の場合は，年齢よりも個体の大きさがその成長量やその後の繁殖を左右していることである。たとえば，田畑のように安定した均一な環境では，同時に発芽した個体は同じように成長する。しかし，野外個体群では，光，水分などの物理的環境の不均一性により，同時に発芽した個体であってもその成長が異なり，その後の開花段階への到達にも差が生じる。したがって，植物の生活史においては，実年齢よりも成長段階のほうがより重要な鍵となる場合が多い。たとえば，徳川

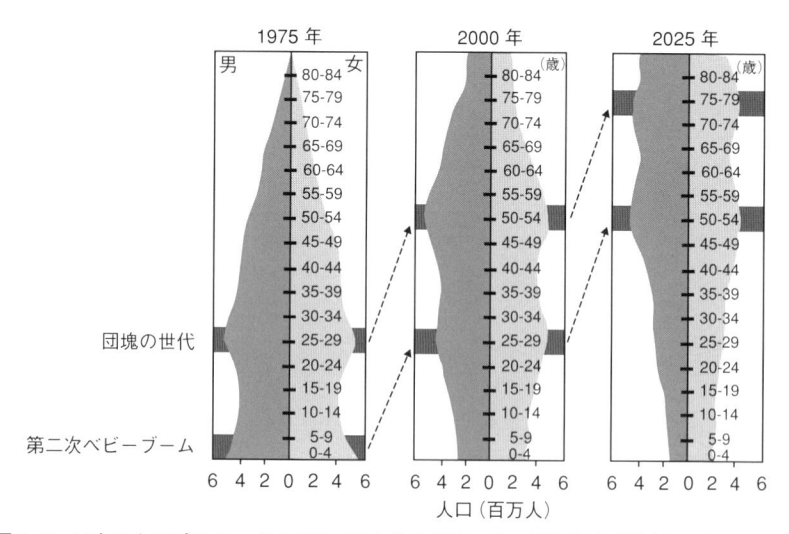

図 4-6 日本の人口ピラミッドの変化（国立社会保障・人口問題研究所資料より）。1975 年で，「団塊の世代」と「第二次ベビーブーム」として認識された人口の膨張が，25 年後の 2000 年により高年齢へと移行しているのがわかる。また，2025 年には，さらに少子高齢化が進んでいることが予測される。

家代々から伝わる盆栽は，絶えず刈り込みが行われているため個体のサイズは小さいまま，数百年生き続けている。このような現象を，Silvertown (1982) は，ギュンター・グラス (Gunther Grass) の小説『ブリキの太鼓』で，大人になるのが嫌で3歳で自ら成長を止めた主人公の名前から「オスカー症候群 (Oskar syndrome)」と称している。また，Kawano & Kitamura (1997) は，一連のブナ個体群の調査から稚樹などが林冠にギャップができるまで同じ発育相にとどまることを「待ちの戦略 (waiting strategy)」と呼んでいる。いずれにしても，樹木や多年草では，個体の大きさや発育段階とその実際の年齢には一定の相関が認められない場合がある。

そのため，実際に年齢を特定できる樹木においても，実年齢よりも個体の大きさ（サイズ）のほうがより重要な意味をもつため，胸高直径 (DBH : diameter at breast height) が測定される。林床植物などにおい

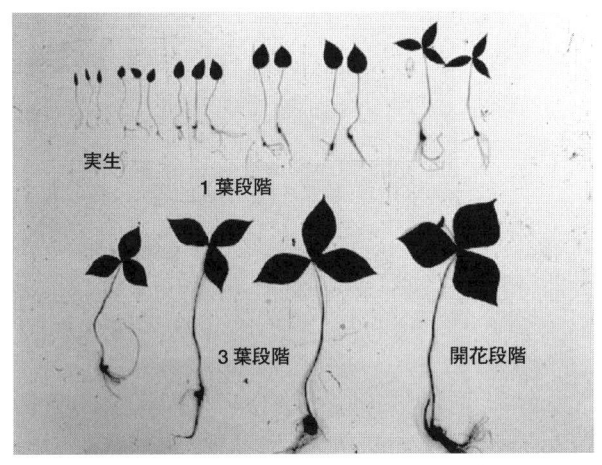

図4-7 エンレイソウの葉の枚数と葉面積による生育段階（ステージ・クラス）。

ては，その成長を反映していると考えられる葉の枚数や大きさ，あるいは地下の貯蔵器官（根茎や鱗茎）の大きさなどを用いて，評価される個体の成長サイズや間接的に生育ステージが区分される。ちなみに，テンナンショウ属植物では，偽茎直径や小葉数，カタクリでは葉面積，チゴユリでは葉数などが生育段階の区分に用いられている（Kawano 1975, 1985）。

図4-7には，多年生の林床植物であるエンレイソウ（*Trilium apetalon*）の葉面積と葉の枚数による生育段階（ステージ・クラス）を示した。エンレイソウ属植物は落葉広葉樹林の林床に生育し，高木層の展葉前の4〜5月に開花する。エンレイソウ属植物が咲く林床をよく見ると，開花している個体のほかに開花以前のさまざまな生育段階の個体を見つけることができる。開花個体は3枚の花弁，萼片，葉，6本の雄しべという，「3」が形態的な基本数であるが，開花前の栄養成長段階には1葉段階と3葉段階の形態的に二つの大きく異なる生育段階が存在する。さらに，1葉段階のなかで種子から発芽した直後の実生個体は，披針型の特徴的な葉をもっている。そして，翌年からは心型の1枚葉に変わり，毎年の光合成を通じて地下の根茎に貯蔵物質を蓄え，徐々に葉，根茎

および個体全体の大きさを増大させていく。そして，3葉段階に移行し，また経年成長を続けた後にようやく開花する。したがって，仮に順調に成長を続けたとしても，種子から開花までは少なくとも10年を超える年数が必要となる。

このようにエンレイソウ属植物の生育段階は，実生，1葉，3葉，開花の大きく4段階に区分される。そして，実生以外の個体に関するさらに細かい生育段階の区分は，さまざまな個体の葉面積を測定し，その測定値をもとに頻度分布を算出して区分した。その結果，葉面積に基づく生育段階の区分は表4-4のようになった。したがって，種子（SD）と実生（0）の2つの段階を含めると，全部で16のクラスが区分されたことになる。そして，この区分をもとに，エンレイソウが優占する林床に設定した一定面積（2m×2m）の調査区内の個体を葉面積により各クラスに分類し，各クラスに属する個体数の分布を示したものが，ステージ・クラス構造（stage class structure）である（図4-8）。エンレイソウの場合，各クラスは葉面積によって区分されているため，同じクラス内で1葉段階，3葉段階，そして開花段階に属する個体に重複が見られるが，1葉段階から3葉段階への移行はほぼクラス5または6で行われ，さらに開花個体はクラス9から出現しているのがわかる。また，図の全体の構造を見るとステージの移行に伴い個体数が減少する傾向が見られ，特に実生から小さい1葉段階の幼植物における個体数の変動が著しい。しかし，中間のクラス以降では，個体数の大きな変動はなく，安定しているのがわかる。

表4-4 エンレイソウ（*T. apetalon*）の葉面積に基づくステージ・クラス区分（Ohara & Kawano 1986 より）

ステージ・クラス	レンジ（cm^2）	ステージ・クラス	レンジ（cm^2）	ステージ・クラス	レンジ（cm^2）
クラス0（実生）		5	10.60 – 15.79	10	105.88 – 153.45
1	0.19 – 2.47	6	16.60 – 24.90	11	164.08 – 250.16
2	2.54 – 3.79	7	29.68 – 39.42	12	257.62 – 377.13
3	4.01 – 6.20	8	44.12 – 61.52	13	496.02 – 601.46
4	6.31 – 9.93	9	68.02 – 98.87	14	652.32 – 754.40

4-5 ステージ（サイズ）・クラス構造

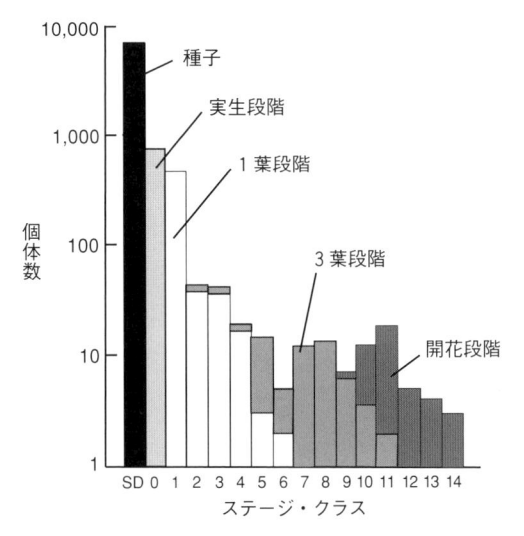

図 4-8 エンレイソウの 2m × 2m の調査区のステージ・クラス構造（Ohara & Kawano 1986 より）。種子数は開花個体数と個体当たりの平均種子生産数の積による推定値。

　このステージ・クラス構造は，葉面積という個体の大きさを基準としているため，同じクラスのなかにも異なる年に生まれた数多くの生存個体が含まれている。したがって，同齢個体群の追跡に基づいて作成される生存曲線とは異なり，個体数の増減が前後する部分が存在する（同齢個体群であれば，前の年よりも後の年の個体数が多くなることはない）。しかし，前述したように植物においては，生活史過程におけるさまざまな出来事や個体の運命を決定する要素が，絶対年齢よりも生育段階と密接に結びついている。特に，開花は年齢よりも，個体のロゼット葉や鱗茎などが一定の個体の大きさ（臨界サイズ：critical size）に到達したときに行われる場合が多い。エンレイソウに関しても，栄養成長から生殖成長への移行は，3葉段階のほぼ一定のサイズから始まっており，やはり絶対的な年齢よりも光合成を通じ個体内に蓄積された貯蔵物質の量に繁殖器官の形成を依存しているようである。

4-6 個体群動態と行列モデル

4-6-1 個体の追跡調査

ニュースなどで「今年も上野公園のサクラが見頃になりました」と紹介されると，それはほぼ同じ木が毎年コンスタントに咲いていることを意味しているだろう。では，同じくニュースなどで紹介される尾瀬のミズバショウの開花は，はたして同じ個体が毎年咲いているのだろうか？前述したように，多年生植物における個体の長年にわたる追跡調査は困難である。しかし，このような一度開花した個体の挙動，個体群内の個体数の年次変動や生存率，に関する情報を得るためには，やはり追跡調査が必要である。クマやシカなどの動物では個体を捕獲し，発信機などを取りつけ追跡するなど，調査範囲が広く，またコストもかかるが，動かない植物の追跡調査は，ナンバーテープ，タグ，針金などプラス根気があればできる。しかし，ある意味この「根気」がいちばん大切である。

4-6-2 推移確率行列

個体を追跡することによって，毎年どれくらい成長するのか，どれくらいの確率で死亡するのか，またどのくらいになると繁殖を開始するのか，などさまざまな生活史情報が集積される。図4-9には，個体追跡データから描かれる生活史の流れ図を示した。(a)は齢段階に基づくもの。(b)は生育ステージ（サイズ）に基づくものである。(a)では，最高寿命が4歳の生物を仮想しているが，実線の矢印は，1歳の個体が毎年1歳ずつ年をとっていくことを表しており，破線の矢印はそれぞれの年齢の個体が新しい個体を産むことを示している。この図のP_iは，i歳のときの個体が翌年$i+1$になる確率（i歳のときの生存率）を表しており，F_iはi歳の個体の平均産子数を表している。この流れ図を見る限り，この生物は，2歳から繁殖を開始する可能性があること，F_2, F_3, F_4がそれぞれ＞0であれば，多回繁殖型である可能性がある。しかし，もしも，

4-6 個体群動態と行列モデル   67

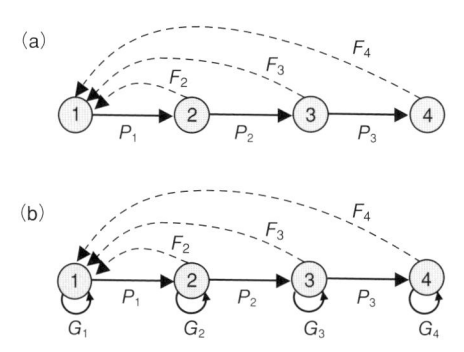

図4-9 個体群の推移確率の例。(a) 四つの年齢段階に基づく推移。各齢クラスの繁殖率 (F_x) と次の齢段階への生存 (移行) する確率 (P_x) が示されている。(b) 個体サイズ，または生育ステージに基づく推移。各ステージ・クラスの繁殖率 (F_x)，次の生育ステージに生存・推移する確率 (P_x)，個体が生存し，同じステージにとどまる確率 (G_x) が示されている。

 実際にとられた個体群のデータが $F_2 = F_3 = 0$ で $F_4 > 0$ であれば，この生物のその個体群での繁殖開始年齢は4歳で，かつ5歳の個体は存在しないことから一回繁殖型であることがわかる。
 この生活史の流れを行列式により表現すると，

$$\begin{array}{c} \text{今年の年齢} \\ \text{翌年の年齢} \begin{array}{c} 1 \\ 2 \\ 3 \\ 4 \end{array} \begin{bmatrix} 0 & F_2 & F_3 & F_4 \\ P_1 & 0 & 0 & 0 \\ 0 & P_2 & 0 & 0 \\ 0 & 0 & P_3 & 0 \end{bmatrix} = A_1 \end{array}$$

となる。この行列モデルに基づいて，生物個体群の自然増加率，繁殖開始齢，種子生産数，生存率などの生活史特性を記述することができると考えたのがLeslie (1945) である。
 Leslie (1901-1972) は当時，オックスフォード大学で，Eltonとともに動物個体群を研究していたため，この行列モデルを年齢が明確である，動物個体群に適応した。しかし，この行列モデルを植物に応用する

際には，植物の生活史の重要なパラメーターが「年齢」ではなく「生育ステージ（サイズ）」に依存していることに再び気をつけなければならない。たとえば，多年生植物では，定着した微環境の違いや個体間競争により，同年齢でありながらも個体サイズが著しく異なる場合も多い。したがって，それらは同齢であっても繁殖を開始する年齢が異なることが考えられる。そこで，植物の生活史の記述に関してはステージ（サイズ）に基づいて行列モデルを作成するほうが本質的となる。再び，図4-9の(b)は，ステージに基づく生活史の流れである。年齢によるものとの大きな違いは，各ステージにおいて次のサイズに移行する確率 (P_i) だけではなく，同じステージにとどまる確率 (G_i) が存在する点である。

$$\begin{array}{c} \text{今年の生育段階} \\ \text{翌年の生育段階} \begin{array}{c} 1 \\ 2 \\ 3 \\ 4 \end{array} \begin{bmatrix} G_1 & F_2 & F_3 & F_4 \\ P_1 & G_2 & 0 & 0 \\ 0 & P_2 & G_3 & 0 \\ 0 & 0 & P_3 & G_4 \end{bmatrix} = A_2 \end{array}$$

このほうが，植物の生活史の実態をより反映した形といえる。

4-6-3 行列モデルの作成

上で示した行列式には実は性質の異なる二つのプロセス（行列）が含まれている。一つは，追跡個体が同じサイズにとどまる確率 (G) と次のサイズへと移行する確率 (P) のプロセス (T) であり，もう一つは，成熟個体によって新たな個体が参入するプロセス (F) である。したがって，式 A_2 は

$$\begin{bmatrix} G_1 & F_2 & F_3 & F_4 \\ P_1 & G_2 & 0 & 0 \\ 0 & P_2 & G_3 & 0 \\ 0 & 0 & P_3 & G_4 \end{bmatrix} = \begin{bmatrix} G_1 & 0 & 0 & 0 \\ P_1 & G_2 & 0 & 0 \\ 0 & P_2 & G_3 & 0 \\ 0 & 0 & P_3 & G_4 \end{bmatrix} + \begin{bmatrix} 0 & F_2 & F_3 & F_4 \\ 0 & 0 & 0 & 0 \\ 0 & 0 & 0 & 0 \\ 0 & 0 & 0 & 0 \end{bmatrix}$$
$$\quad A_2 \qquad\qquad\qquad T \qquad\qquad\qquad F$$

のようにTとFの二つのプロセスの行列に分けることができる。Tの各要素は基本的に個体を追跡したデーターセットをもとに作られたサイズ別の推移度数表から算出することができる。一方，Fの各要素は追跡調査区内のステージ1（たとえば，種子由来の実生）の個体数を成熟個体数で割った値として算出される。仮に，栄養繁殖を行う植物の場合では，ステージ2や3へ参入した個体数を成熟個体で割ればよい。

しかし，この計算にはいくつかの問題が存在する。調査区内で新たに発見された実生が，どの成熟個体から産まれたのか，調査区外からの移入種子によるものかもしれない。さらに，同じ年に観察された実生でも，種子休眠や埋土種子により，その種子が必ずしも同じ年に生産されたものとは限らない。このような問題は，個体のモニタリングとは別に，種子発芽や埋土種子の形成状況や生存など，数理モデルの解析精度を上げる一方で，生物学的なアプローチで解決していく必要性がある。

Box 4-1　種子休眠と埋土種子

植物は生育に好ましくない乾燥や低温にさらされる季節になると休眠する。休眠した植物は落葉し，乾燥耐性を獲得した冬芽を形成する。植物の休眠のなかで，種子休眠はその休眠を長く保つ一つの生態的手段である。種子休眠は，大きく一次休眠 (primary dormancy) と二次休眠 (secondary dormancy) に別けられる。一次休眠は自発休眠 (innate dormacy) とも呼ばれ，種子が成熟したときに既に休眠状態にある場合をさす。一方，二次休眠は誘導休眠 (induced dormancy) とも呼ばれ，休眠性のない種子や，一度休眠覚醒した種子が発芽に適さない環境下で休眠を獲得した場合をさす。

休眠状態で，発芽能力を保ったまま，文字どおり土中に埋まったまま存在している種子を埋土種子 (buried seed) という。埋土種子の運命を知ることは難しい。私たちは地上に出現した種子由来の個体を当年性の実生として扱うが，ともすればその実生は数年前，いや10数年前に作られた種子が，その年に発芽したのかもしれない。植物の個体群動態を理解するためには，埋土種子集団 (seed bank, soil seed pool) に関する詳しい情報がこれからも必要になってくる。

4-6-4　エンレイソウの個体群動態

　1980 年，札幌市郊外の野幌森林公園内のエンレイソウ（*Trillium apetalon*）個体群に 1m × 1m の調査区を設定した。そして，調査区内のすべてのエンレイソウの個体（実生から開花個体まで）を標識し，個体の位置およびその生存と成長（葉面積と相関のある葉の縦と横の長さを測定）を毎年開花期に調べた。このエンレイソウのモニタリングも，2010 年でちょうど 30 年を迎える。その調査の最初の 10 年間のデータを図 4-10 に示した。

　個体の分布を見てまず気がつくことは，多くの実生個体が開花個体の近くに集中していることである。さらに，生育段階別にその生存を見

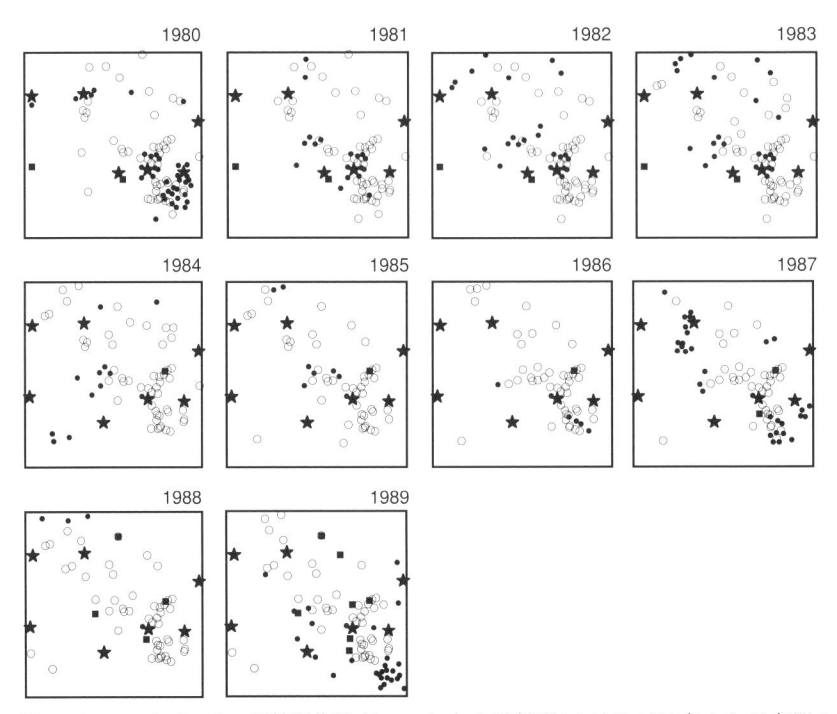

図 4-10　エンレイソウの野外個体群（1m × 1m）の調査区における 1980 年から 10 年間の個体の動態（Ohara & Kawano 1986 に加筆）。●：実生個体，○：1 葉個体，■：3 葉個体，★：開花個体。

4-6 個体群動態と行列モデル　　　　　　　　　　　　　　　　　　　71

ると，前年度に開花個体の近くで集中して観察された実生個体の多くが，翌年にはわずか2〜3個体の1葉個体になるか，さらに数年後にはまったくなくなって（枯死して）しまっていることが読み取れる。このような実生個体の数の大きな変動は，種子から発芽した実生が定着する林床の環境や種内個体間の競争などによって大きく影響されているものと考えられる。さらに，1葉段階の枯死も数多く見うけられる。この実生から1葉段階の生育初期の高い死亡率と栄養成長期間の長さを考えあわせると，やはり種子から開花までたどり着くのはきわめて一部の個体と考えられる。

その一方で，1980年の調査開始当初に観察された開花個体は花茎の本数や葉の大きさを若干変化させながらも，毎年安定した開花を繰り返している（図4-11）。なんと，これらの開花個体は2009年の段階でもそのまま生存し，開花していた。種子から開花まで少なくとも10年が

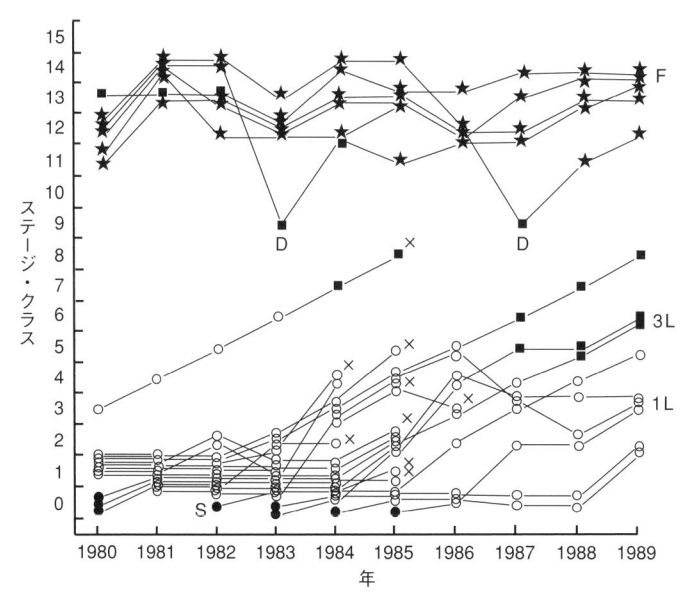

図4-11 図4-10に示したエンレイソウ調査区内の個体の生存・死亡および成長（ステージ・クラス）の年次変化。●：実生個体（S），○：1葉個体（1L），■：3葉個体（3L），★：開花個体（F），×：翌年までに枯死，D：前年までに茎や葉などにダメージを受けた個体。

必要であることを考え合わせると，2009年に開花が確認された個体は少なくとも40歳以上という計算になる．

また，興味深いのは，当年に動物による捕食や，計測の途中で誤って茎を折るなど，葉や茎に何らかのダメージを受けた開花個体に注目してみると，それらの個体が3葉段階へと生育段階が戻っている（stage-back している）ことである．毎年，春の限られた期間の光合成により，地下の根茎に貯蔵物質を蓄えるため，やはり前年の同化産物の稼ぎは，その後の成長・繁殖に大きな影響を与えているのである．

エンレイソウ属植物では，実生段階，1葉段階，3葉段階，開花段階と明瞭な四つの大きな生育段階が区分される．図4-12には，生活史段階の流れを示した．種子から発芽した実生（S）は，翌年に1葉（1L）になり，その後成長を続けて3葉（3L）になる．そして，臨界サイズに到達すると開花・結実（F）するようになる．実線についている文字は，ある年にその生育段階に属していた個体が，次の年に矢印の先の生育段階に移行する確率を表している．また，破線についている文字は，開花

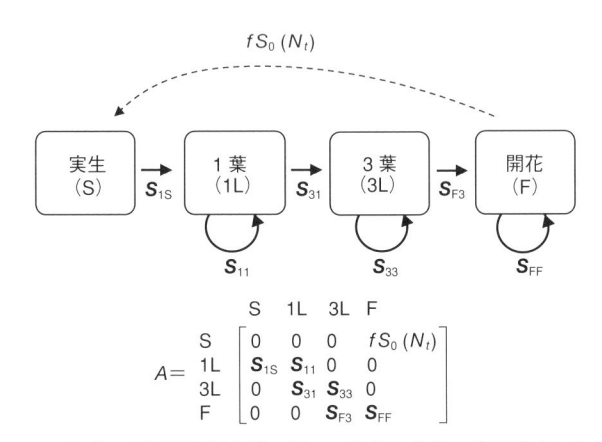

$$A = \begin{bmatrix} & S & 1L & 3L & F \\ S & 0 & 0 & 0 & fS_0(N_t) \\ 1L & S_{1S} & S_{11} & 0 & 0 \\ 3L & 0 & S_{31} & S_{33} & 0 \\ F & 0 & 0 & S_{F3} & S_{FF} \end{bmatrix}$$

図4-12 エンレイソウ属植物個体群の四つの生活史段階の推移確率．S_xは，各ステージの個体が，生存し，その生育段階にとどまるか，または次の生育段階に移行する確率．fは開花個体1個体当たりの種子生産数を表している．定着した種子は密度効果を強く受けると考えられるので，実生の出現率（S_0）は全個体数（N_t）の減少関数であると仮定している．実生，1葉，3葉，開花個体の生存率は，それぞれS_{1s}，$S_{11} + S_{31}$，$S_{33} + S_{F1}$，S_{Ff}となる．

個体 1 個体から供給される実生数である。

　このエンレイソウ個体群の最初の 12 年間（1980 〜 1991 年）のモニタリングデータに基づき，北海道大学の高田壮則先生に，以下に示す推移確率行列モデル（transition matrix model）を作っていただいた（Ohara et al. 2001）。この単純な一つの行列式のなかにエンレイソウの生活史が凝縮されている。たとえば，実生個体が生き残り，翌年 1 葉個体になる確率は 45.1 ％。また，1 葉個体が翌年も，1 葉にとどまる確率は 64.3 ％で，3 葉になる確率が 2.1 ％。その確率の和が，1 葉個体の翌年の生存率（66.4 ％）になる。また，3 葉個体が開花個体になる確率は 8.0 ％，3 葉にとどまる確率は 80.0 ％。さらに，開花個体のほとんどが翌年も開花する（98.1 ％）（注：このほかには人為的に花茎にダメージが与えられ，翌年ステージバックした個体は含まれていない）。また，興味深いのは，実生や 1 葉段階の幼植物段階の生存率は低いが，一度，3 葉段階や開花段階に到達するとその生存率は非常に高くなる（3 葉 88 ％，開花 98.1 ％）ことがわかる。つまり，1 葉から 3 葉段階へ移行するハードルが高そうである。

	実生	1 葉	3 葉	開花
実生	0	0	0	5.130
1 葉	0.451	0.643	0	0
3 葉	0	0.021	0.800	0
開花	0	0	0.080	0.981
生存率	0.451	0.664	0.880	0.981

4-6-5　行列モデルを用いた個体群動態の評価

　個体の追跡データにより，各生育段階の個体が毎年どれくらいの確率で生き残るのか，どの生育段階になったら繁殖を開始するのか，1 個体当たりどれくらいの子孫を残すのか，など，生活史を表す量的パラメーターを求めることができる。このほかにもこの行列を用いることにより，個体群に関するさまざまな数学的な解釈が可能になる。

　まず，個体群の生育段階構成の動態は次のように表すことができる。

$$n_{t+1} = A n_t \quad (\text{A は推移行列})$$

$$\begin{bmatrix} n_1 \\ n_2 \\ \cdot \\ \cdot \\ n_s \end{bmatrix}_{t+1} = \begin{bmatrix} a_{11} & a_{12} & \cdots & a_{1s} \\ a_{21} & a_{22} & \cdots & a_{2s} \\ & & \cdot & \\ & & \cdot & \\ a_{s1} & a_{s2} & \cdots & a_{ss} \end{bmatrix} \begin{bmatrix} n_1 \\ n_2 \\ \cdot \\ \cdot \\ n_s \end{bmatrix}_t$$

そして，行列 A の特性を最もよく表す指標が固有値である。s 行 s 列の行列は s 個の固有値をもつが，そのうち絶対値が最大のものは最大固有値と呼ばれる。最大固有値は必ず正の実数であり，生育段階構成の動態が定常状態に達したときの年当たりの個体群成長率（λ）を表す（λ の計算方法は，シルバータウン (1992) および高田 (2005) を参照のこと）。$\lambda > 1$ の場合には，個体群は増加の傾向をたどり，一方 $\lambda < 1$ の場合は，個体群は減少する。先ほどの，エンレイソウの生活史行列に関して個体群成長率を算出すると，$\lambda = 1.0303$ であった。これは，約 23 年後には個体群が倍加する成長率を意味する。

このほか，推移行列モデルを用いて，行列要素の変化量や変化割合を一定にすることにより，それがどれだけ個体群成長率（λ）に影響するか評価することができる。それが，感度分析 (sensitivity analysis) と弾力性分析 (elasticity analysis) である。この解析の基本的な考え方は，Caswell (1978) によって開発されたものである（これらの解析法の詳細は可知 2004，高田 2005 を参照）。感度分析は，推移行列のある要素 a_{ij} の変化に対する λ の感度 s_{ij} を評価するもので，

$$s_{ij} = \frac{\partial \lambda}{\partial a_{ij}}$$

で表される。∂ は，注目している変数だけを単位量だけ変化させ，他の変数の値は変えないということを示す偏微分記号である。この解析によって得られる感度が高い行列要素は，個体群の動態を大きく変化させる重要な生活史過程ということができる。エンレイソウの推移行列の感度分析をしたところ (Ohara et al. 2001)，感度行列は

4-6　個体群動態と行列モデル

$$\begin{array}{c} \\ \text{実生} \\ \text{1葉} \\ \text{3葉} \\ \text{開花} \end{array} \begin{array}{cccc} \text{実生} & \text{1葉} & \text{3葉} & \text{開花} \end{array} \\ \begin{bmatrix} 0 & 0 & 0 & 0.006 \\ 0.072 & 0.085 & 0 & 0 \\ 0 & \underline{1.550} & 0.145 & 0 \\ 0 & 0 & 0.407 & 0.738 \end{bmatrix}$$

となった。このなかで最も高い値を示すのは，1葉段階から3葉段階への推移である。したがって，1葉段階の個体の生存率を高めるか，あるいは個体の成長率を高めるような変化が個体群成長率に最も大きな影響をもたらすことがわかる。感度分析では，推移行列の要素 a_{ij} が0であってもその要素が0から単位量変化したときの λ の値の変化として計算できてしまう。したがって，仮に数値的に高い値が得られたとしても，その値をうのみにするのではなく，生物学的・生態学的現象として注意を払って解釈することが必要である。上の行列式では，p.73の行列で実際に生育段階の移行がなかった部分は0と表示した。

　感度分析が推移行列の要素が単位量変化したときの λ の変化量であるのに対し，要素 a_{ij} が単位割合（たとえば1％）変化したときの λ の変化量を評価する指標が弾力性である。λ の弾力性 e_{ij} は

$$e_{ij} = \frac{a_{ij}}{\lambda} \cdot \frac{\partial \lambda}{\partial a_{ij}}$$

となる。この式からもわかるように，弾力性は，a_{ij} に対する感度に a_{ij}/λ を掛けたものとして計算されるため，感度行列の要素が0の場合，弾力性は0になる。その一方で，それ以外の各要素の弾力性の和が1となることから，弾力性行列それぞれの値が個体群成長率に対する相対的な寄与を表しており，推移行列の要素間の重要性を議論する際には弾力性分析が用いられることが多い。エンレイソウの弾力性行列は，

$$\begin{array}{c} \\ \text{実生} \\ \text{1葉} \\ \text{3葉} \\ \text{開花} \end{array} \begin{array}{cccc} \text{実生} & \text{1葉} & \text{3葉} & \text{開花} \end{array} \\ \begin{bmatrix} 0 & 0 & 0 & 0.032 \\ 0.032 & 0.053 & 0 & 0 \\ 0 & 0.032 & 0.113 & 0 \\ 0 & 0 & 0.032 & 0.738 \end{bmatrix}$$

となった。弾力性を見ると，開花個体の値が非常に高く，さらに新たに供給される実生数よりもはるかに上回っていることから，個体群維持には開花個体の生存率が非常に重要であることが示された。

4-7 空間構造

個体群構造のもう一つの重要な特徴は，個体群のなかで個体がどのように分布しているかである。特に，動物のように簡単に移動することができない植物にとって，個体の空間的な配置は，他種個体のみならず，自種の他個体との光や水などの資源をめぐる競争関係なのかで，個体の生存・繁殖に非常に重要な意味をもつ。生物個体群の空間的分布パターンは，ランダム（機械的）分布，規則（一様）分布，集中分布の三つに大別される。分布の集中度の判別には森下（Morishita 1959）のI_δやLloyd（1967），巖（Iwao 1968, 1972）の$\overset{*}{m}$-mの古典的な解析法から，近年は一般化線型モデルやRなどの統計ソフトウェアなどが広く使われるようになってきている。それぞれの解析法の理論的背景に関しては，

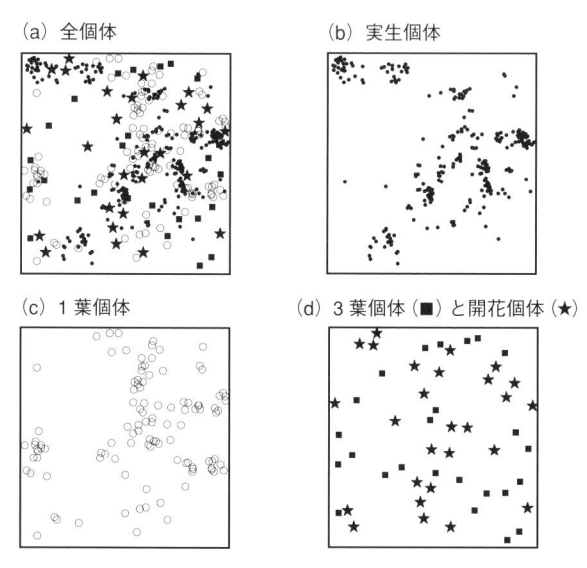

図4-13 エンレイソウの野外個体群（1m×1m）の個体の空間分布。（a）は，調査区内の全個体の空間分布。（b）〜（d）は，生育段階別に抜き出して示した。

4-7 空間構造

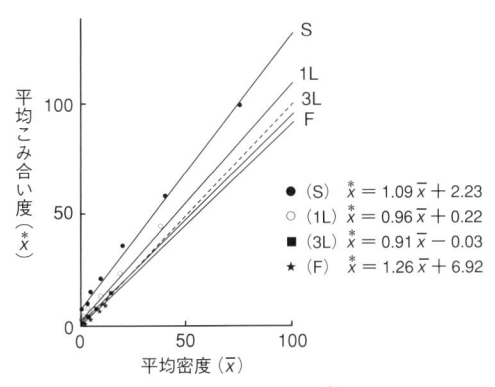

図 4-14 エンレイソウ個体群（図 4-13）における $\overset{*}{m}\text{-}m$ 回帰法による各生育段階別の空間分布様式（Ohara & Kawano 1986 より）。

嶋田ら（2005）の『動物生態学 新版』に解説されているのでぜひとも参考にしていただきたい。

さて，図 4-13 には，やはりエンレイソウの 1 m × 1 m の調査区内の全個体の分布と，実生，1 葉，3 葉，開花個体をそれぞれ抜き出した空間分布図を示した。また，図 4-14 には，各生育段階別の分布パターンを $\overset{*}{m}\text{-}m$ 回帰法により解析した結果を示した。$\overset{*}{m}$ は平均こみあい度，m は平均密度である。このマッピングデータを分割し一定サイズの区画を Q 個設定すると考えると，それぞれの区画内の個体数（$x_1, x_2, x_3, \cdots, x_Q$）と全体の総個体数（$N$）との関係は次式で表される。

$$N = \sum_{i=1}^{Q} x_i$$

そして，一つの方形区当たりの平均個体数，つまり平均密度 m は，

$$m = \frac{\sum_{i=1}^{Q} x_i}{Q}$$

となる。また，ある個体が同じ区画内で，平均してどれくらいの個体と共存しているかを示すのが平均こみあい度 $\overset{*}{m}$ であり，次式で表される。

$$\overset{*}{m} = \frac{\sum_{i=1}^{Q} x_i (x_i - 1)}{\sum_{i=1}^{Q} x_i}$$

そして，調査区をさまざまなサイズの区画に等分して得られた，$\overset{*}{m}$のmに対する直線回帰式の二つの係数（a, β）は，分布様式により異なる範囲をとる。

$$\overset{*}{m} = \beta m + a$$

aは基本集合度指数，βは密度-集中度係数と呼ばれる。個体そのものがさまざまな分布様式を示すだけでなく，個体の集合した形（クランプ）で分布様式が認識される場合もある。aとβの値により次のように分布様式を区分することができる。$a > 0$の場合，個体が集合的の性質をもち，$a = 0$の場合は各個体が独立に分布し，$0 > a > -1$の場合は個体間に避け合いが存在する。一方，$\beta > 1$の場合は，クランプが集合的であり，$\beta = 1$の場合は，クランプがランダムに分布し，$1 > \beta > 0$の場合は，クランプが規則分布を示す。

個体分布図を見ても，やはり実生個体が開花個体付近で集中して分布していることに気がつく。調査区内の区画サイズを変化させた分布様式の解析からも，実生個体の場合は直線の傾きが1より大きいことから集中分布を示すと判断される。また，1葉段階，3葉段階へと生育段階が進むにつれて直線の傾きが緩やかになり，ランダム分布を示すようになる。そして，さらに進んだ開花段階ではより規則的な分布と変化していくのが読みとれる。

植物における個体群の時空間的構造について，エンレイソウを事例に見てきたが，エンレイソウでは実生などの小さな1葉個体は比較的開花個体付近で集中分布を示すが，その死亡率は高く，個体間の競争などにより個体数は急激に減少することがわかった。その一方で，生育段階がある程度進んだ個体では空間分布もランダムあるいはより規則的な分布を示す。そして，死亡率は低くなり，一度開花に到達した個体は葉のサイズの変化はあるものの，比較的安定した開花・結実をほぼ毎年繰り返していることが明らかになった。同様の傾向は，同じエンレイソウ属植物のオオバナノエンレイソウやミヤマエンレイソウでも確認された（Ohara & Kawano 1986）。

5章 有性生殖と無性生殖

　生物の繁殖様式は，有性生殖（sexual reproduction）と無性生殖（asexual reproduction）に大別される。有性生殖は，減数分裂により雌雄の配偶子が受精して新しい個体ができる。一方，無性生殖は，雌雄の配偶子の受精なしに新しい個体ができる。イギリスの遺伝学者，Maynard Smith（1971）は，理論上，有性生殖が無性生殖に比べて2倍のコストがかかることを示した。それにもかかわらず，生物界ではなぜ有性生殖が広く行われているのであろうか？

5-1 植物に見られる無性生殖

　生物で見られる無性生殖には，ミドリムシや酵母菌に見られる分裂や出芽があるが，植物における無性生殖は，アポミクシス（無融合生殖：apomixis）と栄養繁殖（vegetative reproduction）に大別される。

5-1-1 アポミクシス

　次章で紹介する植物の有性繁殖（生殖）は，自殖も含め雌雄の配偶子の受精により新しい個体が作られる。アポミクシスは，配偶子形成の過程で減数分裂や受精を経ずに行われる生殖をさし，生殖細胞としての卵・胚が受精することなく種子が形成される。このアポミクシスは，柑橘類のいくつかの仲間や，ケンタッキーブルーグラスのような特定のイネ科草本，セイヨウタンポポなどで見られる。

Box 5-1　セイヨウタンポポと在来タンポポ

　少し前まで,「セイヨウタンポポが日本在来のタンポポを駆逐してしまった」というような記述があちこちで見られた。それは,アポミクシスによるセイヨウタンポポの旺盛な繁殖力と,在来タンポポの減少によるものからである。在来のタンポポ（カントウタンポポ,エゾタンポポなど）はセイヨウタンポポに比べ,開花時期が春の短い期間に限られる。また在来種はおおむね茎の高さが外来種に比べ低いため,生育場所がより限定される。夏場でも見られるタンポポの多くは外来種のセイヨウタンポポである。そのため,より個体数が多く目につきやすいことから「セイヨウタンポポが日本在来のタンポポを駆逐してしまった」というような表現が用いられたが,これは正確には誤りである。セイヨウタンポポは在来種よりも生育可能場所が多くかつ繁殖力が高い反面,多くの在来種よりも低温に弱く,初春から初夏にかけての寒暖差が激しい条件下では生育できない場合も多い。セイヨウタンポポの個体数が多いために相対的に在来種の割合が減っただけで,在来種も一定の個数で存在している。あえて言うなら,人為的な開発行為（宅地造成,埋め立てなど）により,セイヨウタンポポにより適した生育環境が増え,セイヨウタンポポがより身近で見ら

図5-1　外来種セイヨウタンポポ（①,②）と在来種エゾタンポポ（③）。

(Box 5-1　続き)
れるようになってしまったということである。
　また，最近になって，在来種とセイヨウタンポポの雑種が発見され，新たな問題として注目されている (Kim et al. 2000; Shibaike et al. 2002; Brock 2004)。セイヨウタンポポは単為発生であり，不完全な花粉しか作らないので雑種の形成はありえないと考えられていたが，セイヨウタンポポの作る花粉のなかに，n や $2n$ の染色体数のものができると，在来種のタンポポがそれと受粉して雑種ができる可能性があり，現にそれがあちこちに生育していることが確認されたのである。このような雑種では，総苞は中途半端に反り返るともいわれ，その区別は簡単ではない。したがって，タンポポの問題は外来種による植物相のかく乱という問題から，遺伝子汚染という新たな問題へと発展してしまったと言える（芝池 2007）。

5-1-2　栄養繁殖

　栄養繁殖は，植物における無性生殖のなかで最も一般的なもので，配偶子形成を経ることなく，成長点に由来する細胞が体細胞分裂により新しい植物体を形成することをいう。植物の栄養繁殖の形態は多様で，また変化に富んでいる（図 5-2）。

　（1）匍匐枝（stolon）　植物のなかには，匍匐枝と呼ばれる，地表面にそって伸びる細長い茎によって繁殖するものもある。たとえば，栽培イチゴでは，葉，花，根が匍匐枝上のそれぞれ別々の節に形成される。ちょうど，それぞれの二番目の節の先で，匍匐枝の先端が現れ，膨らむ。そして，その膨らんだ部分が最初，不定根を形成し，その後新たな匍匐枝として成長する新しいシュートが形成される。

　（2）地下茎（subterranean stem）　根茎，鱗茎，球茎，塊茎，などの総称である。根茎（rhizome）は，地中で水平に伸びる茎で，特にイネ科草本やスゲのような植物にとっては重要な繁殖器官である。根茎は親個体の近くに伸びていき，それぞれの節から新しい開花シュートを形成することができる。雑草と呼ばれる多くの植物が，このような成長・繁殖様式をもつため駆除が難しいのである。また，アヤメの仲間のよう

な庭に生育する植物も根茎によって繁殖を行う。鱗茎 (bulb) は，茎の基部に形成される鱗片葉からなる球状の貯蔵器官で，鱗茎から分離した個々の鱗片葉から娘個体が形成され，ユリ属植物では，複数の鱗茎が形成される。球茎 (corm) は，テンナンショウ属植物のように地上茎の基部が貯蔵物質により球状に肥大した地下茎である。塊茎 (tuber) もまた貯蔵と繁殖のために特殊化した茎である。ジャガイモは，「芽 (eyes)」をもつ塊茎の断片から人為的に栽培される。その芽，つまりジャガイモの「たねいも」は新たな植物体へと成長する。

（3）萌芽 (coppice, sprout) 木本植物において根株の休眠芽や形成層から生じた新たな芽をさす。そして，木本植物の根茎から生じた萌芽を根萌芽 (root sucker) と呼ぶ。アメリカ東部の山地帯に生育するア

図5-2 植物に見られるさまざまな栄養繁殖。地下茎の伸長（スズラン：①，②），鱗茎の形成（オオウバユリ：③，④），むかごの形成（カランコエ：⑤）。カランコエは葉縁にそったくぼみの部分にある分裂組織から無数のむかごが生じることから，英語の一般名も maternity plant（母なる植物）とも呼ばれる。

メリカブナ (*Fagus grandiflorum*) は根萌芽による顕著な栄養繁殖を行う (Kitamura & Kawano 2001)。

(4) むかご (propagule)　植物のなかには，葉でさえも繁殖器官となりうる。コモチミミコウモリ，ヤマノイモ，観葉植物のカランコエなどにおいて見られ，地上茎上に形成された芽が茎から分離して，娘個体を形成する。

(5) 地下匍匐枝　サクランボ，リンゴ，ラズベリー，ブラックベリーのような植物の根からは，「地下匍匐枝」または萌芽が形成され，それが新たな植物体になる。食用のバナナの品種は種子を作ることはなく，地下の茎の上に発達した芽から地下匍匐枝によって繁殖している。

5-2　無性生殖の利点

　有性生殖の適応的意義については後述するが，無性生殖の適応的意義に関する解釈はなかなか難しい。本来，無性生殖は有性生殖の代替え機構として進化してきたものと考えられる。しかし，アポミクシスを行う外来種セイヨウタンポポ (三倍体) では，花粉は形成されず，受粉に関係なく，種子が単独で形成される。そのため，セイヨウタンポポが外来種・移入種として侵入した場合，1個体だけでも種子を形成することができる。さらに，アポミクシスにより形成された種子は，その親と遺伝的に同一の個体を作り出すことはもちろんであるが，種子散布という，有性繁殖を行う植物に備わっている適応性も持ち合わせていることになる。そのため繁殖力が強く，都市部を中心として日本各地に広まり，特に近年の撹乱が多い地域を中心に分布を広げた。

　また，栄養繁殖に関しても，個体当たりに生産される栄養繁殖体の数は種子よりも少ないものの，その後の死亡率は，種子由来の個体よりも低く，次世代個体をより確実に確保するための投資形態であるとみなすこともできる。たとえば，定期的あるいは不定期でも撹乱を受ける環境では，一年生草本のように1世代の長さが，数ヵ月の1年以内に短縮され，ごく短期間のうちに栄養成長から生殖成長へと切り替わり，種子生産が可能になる適応が見られる。また，多年生草本に関しても，イ

ネ科の水田雑草のように耕起による撹乱を受けて断片化された地下茎より発根成長して定着して独立した個体になるものもあれば，ノビルやカラスビシャクのようにむかごや小鱗茎の形成により個体群を維持しているものも存在する。図5-3の写真は，北米のエンレイソウ属植物，*Trillium ludovicianum* の栄養繁殖である。多くのエンレイソウ属植物は安定した落葉広葉樹林の林床に生育し，種子による有性繁殖（種子繁殖）を行う。しかし，この *T. ludovicianum* をはじめとする北米東南部に分布するエンレイソウ属植物は河川の氾濫原を主たる生育地とし，種

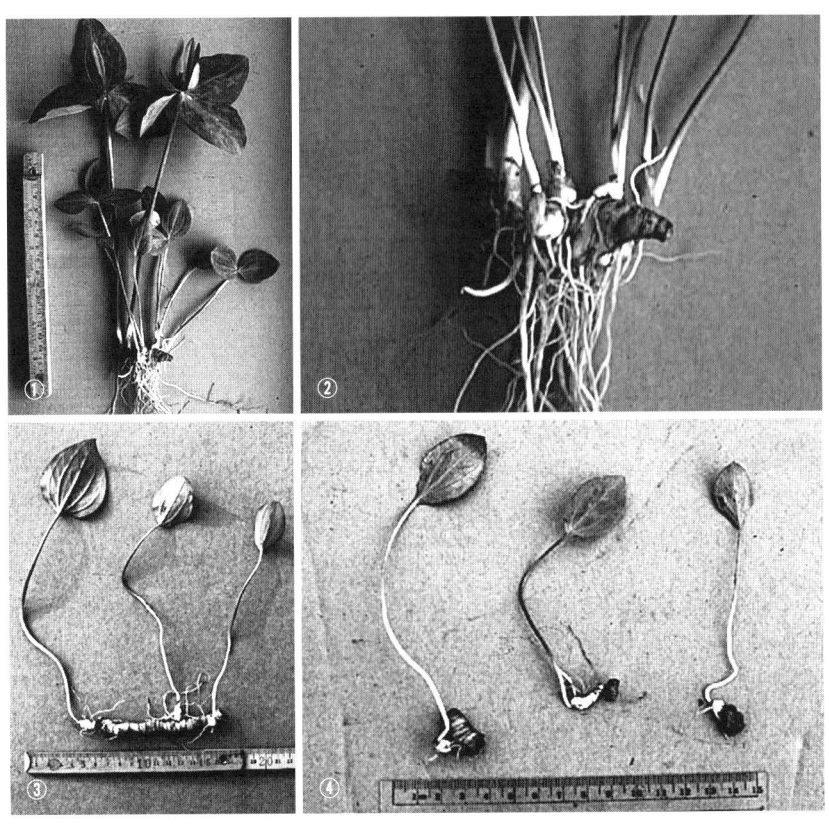

図 5-3 北米のエンレイソウ属植物 *Trillium ludovicianum* で見られる栄養繁殖。さまざまな生育段階の個体が一つの親の根茎で形成されている（①と②）。②は①の根茎部のクローズアップ。親個体から独立後も，まだ親個体の断片が付いているものも見られる（③と④）。

子繁殖を行うものの，種子結実期に相当する 6～8 月の高い降水量により生じる河川の氾濫によりその種子の発達，定着が困難になる。その不確実な種子繁殖の補償機構として栄養繁殖が発達してきたものと考えられる (Ohara & Utech 1986)。

このような撹乱環境とは反対に，閉鎖的で安定した，予測性に富む森林の林床に生活する多年生植物でも栄養繁殖は頻繁に見られる。あとの章で紹介する林床性の多年生植物スズラン，オオウバユリなどでは，その形態は異なるものの幾シーズンにもわたり継続的に有性繁殖活動を持続するために，エネルギーの貯蔵器官として鱗茎や根茎の発達が見られる。したがって，栄養繁殖体の形成率やその程度は，生育環境や個体によっても大きく異なる。また，多年生草本のチゴユリ，ホウチャクソウなどでは有性繁殖の効率（種子による次世代個体の補充率）が著しく低下し，栄養繁殖により形成された個体が親個体と入れ替わるものもある。このような種は，物質生産のうえでは一年生草本と変わらないことから，擬似一年草 (pseudo-annual) と呼ばれる。

無性生殖では，個体は単一の親からすべての染色体を受け継ぐので，子孫は遺伝的に親と同一である。原核細胞は二分裂して同じ遺伝情報をもつ二つの娘細胞が生じて繁殖する。またほとんどの原生生物は通常は無性的に繁殖し，ストレス環境下では有性生殖を行うようになる。遺伝学，数理モデルなどを考えなくても，有性生殖では，雄と雌が必要で，その両者の交配により子孫が作られることを考えると，単独でも子孫を作ることができる無性生殖のほうが，効率的であることが容易に想像できる。また，有性生殖を行うときには，動物では異性を見つけなければならない，植物でも花粉を媒介する風や虫などが必要になる。便利で，効率的な無性生殖がなぜ多くの生物で行われないのであろうか。

5-3　有性生殖の利点

有性生殖と無性生殖の大きな違いは「組換え」の有無である。有性生殖では，減数分裂で染色体の交叉，すなわち遺伝子組換えが起き，遺伝的な多様性が生じるので，性の存在自体は集団もしくは種にとって

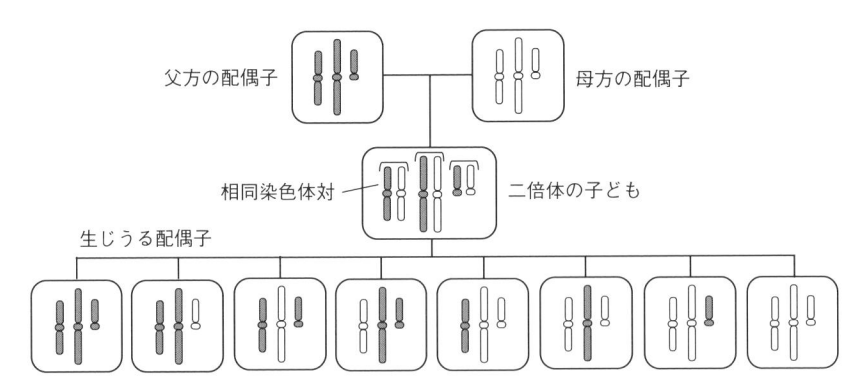

図 5-4 有性生殖による遺伝的多様性の増加。赤道面上での染色体の並び方がランダムであり個々の染色体がそれぞれ独自に分配されると，次世代に新しい遺伝子の組み合わせを生じる。3組の相同染色体対をもつ細胞の場合，8通りの染色体の異なる配偶子ができる可能性がある。

進化的に有利である。しかし，進化は集団レベルではなく個体の生存や繁殖レベルでの変化として起きる。無性的に繁殖できるのになぜ性があるのだろう？　性がなぜ生じ，また存続し続けているかについては，進化生物学者の間でも共通の理解はでていない。以下に，有性生殖の利点に関するいくつかの仮説を紹介するが，どれも単独で有性生殖の有利さを説明できるものではない。さまざまな環境に生息する生物種に応じて，それぞれ違った角度でその仮説を評価するのが良いようである。

（1）変動環境への適応（図 5-4）　　これまで最も広く受け入れられてきた考え方で，遺伝子の組換えにより多様な遺伝子型を作り出すことができるため，予測不可能なさまざまな環境の変化に対応することができる。確かに，遺伝的多様性があれば，多様な環境に対して対応することができる。しかし，集団内での遺伝的多様性が高ければ高いほど，その環境変化に対応できる個体（遺伝子型）は集団の一部であり，現時点での環境に適応していなくても，そのような遺伝子型を集団内に維持し続けることに，はたしてメリットがあるのか，という疑問も残る。

（2）改良進化を早める効果（図 5-5）　　有性生殖により，無性生殖よりも新しい遺伝的組み合わせが早くできることは間違いない。無性生殖

5-3 有性生殖の利点

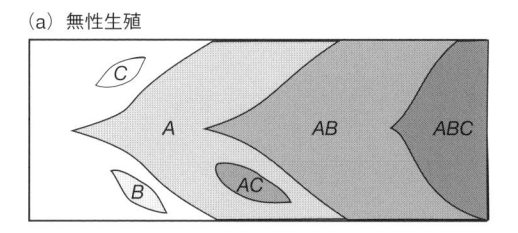

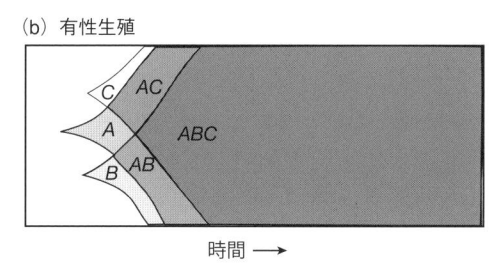

図5-5 無性生殖と有性生殖における改良進化（Crow & Kimura 1965より）。

では，異なる個体や遺伝子座で生じた有利な突然変異を個体間で受け渡しをすることができず，個別に突然変異を期待しなければならない。一方，有性生殖では個々の染色体が独立して分配され，染色体の乗り換え，そして配偶子が任意の組み合わせで受精することによって，遺伝情報が速やかに集団内に広がる。しかし，この考え方も，仮に有利な組み合わせができれば，無性生殖のほうが変更されることなく，親から子へ正しく確実に受け継がれるという矛盾も生じる。

（3）DNA修復説　有性生殖をときどき行う原生生物は，ストレス条件下でのみ二つの一倍体細胞が融合して，二倍体の接合子になる。これは，二倍体細胞だけが，DNAの二重鎖切断などの染色体損傷に対して効果的に修復できるためだと考えられている。放射線や化学物質もDNAの二重鎖切断を引き起こす。生物が大きくなり，また長生きするようになったのに伴い，DNAが損傷を受ける機会が増え，そのため修復する能力が必要になったとも考えられる。減数分裂の初期に相同染色体が正確に並ぶ対合複合体は，損傷のない相同染色体を鋳型として損傷を受けた染色体を修復するための機構として進化してきたのかもし

れない。ただし，有性生殖のようにコストがかかる方法が，はたして遺伝子修復のために進化してきたのであろうか。

（4）赤の女王説（Red Queen Hypothesis）　これは，Lewis Carroll の『鏡の国のアリス』のなかに登場する赤の女王がアリスに「ここでは同じ場所にとどまるために必死に走らないといけないのですよ」という言葉にちなんでいる。生物集団はたえず変化する物理的そして生物的な環境要因によってさまざまな影響を受ける。たとえば，ある病原体が特定の遺伝子型を攻撃するようになっても，遺伝子の組換えにより，素早くその攻撃を回避する遺伝子型を作ることができる。しかし，その抵抗性の遺伝子型が主流になっても，次にその遺伝子型を攻撃する新たな病原体が登場する。というように，つねに変化する環境要因により影響を受け，自らも変わり続けなければならない様子を，赤の女王の一説になぞらえたものである。

（5）有害遺伝子の除去　有害突然変異が生じても，無性生殖を行う集団ではそれを取り除くことができない。そのため，その変異は時間とともに不可逆的に蓄積していく。この説は「Muller's rachet の抑制」とも呼ばれる。ラチェット（rachet）とは，逆転止めの爪と組み合わせて，一方向だけ回転するように作られている歯車（rachet）のことである。つまりその歯車が一刻みずつ（一つの突然変異に対応する）回るように蓄積されていくのである。有性生殖を行う集団では組換えにより有害な突然変異が蓄積されない。ただし，一倍体の無性生物でも有害な突然変異は排除され，子孫が残されない（ラチェットが作用しない）場合もある。

このように，性ならびに有性生殖と無性生殖の進化に関する議論は尽きない。若い読者のためにここであげた仮説に関連する参考関連図書・文献を紹介しておく。

図書：Williams (1975)，Maynard Smith (1978)，Bell (1982)，Levin & MiBernstein & Bernstein (1991)，Michod (1995)，Ridley (1995) など。
論文：Bernstein et al. (1985)，Kondrashov (1988)，Hamilton et al. (1990)，Hurst & Peck (1996)，Burt (2000) など。

Box 5-2　繁殖競争と性選択

　有性生殖の大切さはいろいろ考えられるが，もしも，雄と雌の違いが単に精子と卵子を生産するためであれば，なぜさまざまな生物の雄と雌の間で形態上の大きな違いが存在するのであろうか。それは，繁殖の機会をめぐって繰り広げられる競争，すなわち性選択 (sexual selection) のためである。性選択には同性内選択と異性間選択の二つがある。

　同性内選択は同性個体同士の相互作用であり，多くの種では，雄同士が雌との交尾機会をめぐって争う。たとえば，ゾウアザラシでは，雄が繁殖の行われる海岸にある縄張りを制圧するが，繁殖にかかわるのはより体の大きい少数の雄だけである。このように，ほかの雄に勝る競争力に関与する形質が，性選択に有利に働くことで，縄張りをもつ種の多くは，雌よりも雄のほうが大きな体をもっている。このような雌雄の差を性差，または性的二型 (sexual dimorphism) という。同性内選択には，雄の個体間だけでなく，精子間に競争が生じる精子競争 (sperm competition) もある。これは，雌が複数の雄と交尾するような動物では，精子競争で有利となる形質が進化するためである。

　異性間選択は，異性 (特に雌) を魅了するための選択である。異性間選択の直接の利益は，雄が子の世話を手伝うことや，縄張りを保持し，餌，営巣場所，捕食者からの保護などをしてくれることである。これによって雌は高い繁殖成功を得ることができる。その一方で，間接的な利益に関してはさまざまな議論がある。たとえば，鳥類に見られる極端な二次性徴形質 (secondary sexual characteristic) の進化である。クジャクの長い尾は飛ぶにも邪魔だし，捕食される危険性も高い。

　雌がそのような生存に不利と考えられる形質をもつ雄あえて選ぶという仮説の一つがハンディキャップ仮説 (handicap hypothesis) である。つまり，遺伝的に優れた形質をもつ雄だけがハンディキャップを負っていても生き残れる，そして，大きなハンディキャップを負う雄を選ぶことは，優れた遺伝子を自分の子に受け継ぐことになるからである。もう一つの仮説は，ランナウェイ仮説 (run-away hypothesis) である。雌がより長い尾をもった雄を配偶者として選ぶ場合，その息子は，最も多くの雌の配偶相手として選ばれ，繁殖成功度が高くなる。その一方で，同じ雌の娘は，母親の好みを受け継ぎ，雄の長い尾とその形質を好む。このように，雄の尾の形質と雌の選り好みとの間に遺伝相関が生じ，それが集団中に広がると考えるものである。

Coffee Break　島本義也先生との出会い

　島本先生との出会いがなかったら，僕は大学の教員ではなかったかもしれません。アメリカの留学から戻ったときは，僕は北大大学院環境科学研究科の博士課程2年の後半でした。楽しかった留学の思い出にひたるとともに，そろそろ将来のことを考えるようになり始めました。かといって，具体的に活動することもできないので，とにかく積極的に勉強をしようと思いました。

　そんなとき，農学部の作物系で遺伝・育種を研究している研究室で生態学や遺伝学の著書（英文）を輪読している，と聞いたので，仲間と一緒に参加させていただくことにしました。その研究室が島本先生の研究室でした。輪読セミナーは毎週木曜日の夜6時から8時に開催されていたので，いつしか僕たちはこの輪読会を「木曜セミナー」と呼んでいました。セミナーは，各自が担当する章を決め，内容を紹介するという形で毎回行われていきました。毎年みんなで5～6冊，結局，数年の間で20冊以上の本を読破しました。とにかく部外者が参加させていただく研究室ゼミですから，ご迷惑をおかけしないように，関連する論文などを丹念に調べて，紹介するレジメを作りました。

　そんなある日，島本先生からお電話をいただきました。何と，先生の研究室の助手として僕を採用していただくお話でした。「僕をなぜ！？」と思いましたが，本当にありがたいお話でした。採用時に島本先生からは，「自分の研究，学生の面倒，研究室の仕事，を三分の一ずつやって下さい」と言われました。島本先生は作物の野生種から栽培種への進化に興味があるということで，野生種（野生ダイズ・野生イネ）の採集には必ず一緒に旅行しました。日本全国，韓国，台湾，アマゾンにも一緒に行きました。温帯の落葉広葉樹林しか見たことがなかった僕には，とてもいい経験になりました。そしてなにより，島本先生の研究室ではさまざまな遺伝解析実験をされていましたので，遺伝実験や遺伝解析に関しては全くの素人だった僕も徐々に実験・解析技術を身につけることができたのです。そのお陰で，いま生態学の分野で，活発に取り入れられているさまざまな遺伝解析実験にも躊躇なく，取り組むことができました。

　時々，僕の研究室の学生から，○×先生の研究室で合同ゼミ・輪読をやっているので，参加してもいいか？　と尋ねられることがあります。もちろん，僕は反対しませんが，島本先生の研究室での僕の経験を話して，発表のときにはくれぐれも「間に合いませんでした」，「十分調べてきていません」などということにならないよう，頑張って参加してほしいと言っています。

6章
植物の繁殖様式

　雌雄が別個体の動物では，個体間で遺伝子の交流が生じる有性生殖が一般的である。しかし，動けない植物は積極的に交配相手を捜し出したりすることができない。植物で有性生殖（繁殖）が可能になるのは，何か動くものに花粉を託して個体間で花粉のやり取り（他家受粉）を行うか，さもなければ自分の個体上の花粉で受粉（自家受粉）する場合である。前者を「他殖」，後者と「自殖」と呼ぶ。

6-1　自殖の有利性

　一口に自殖といっても，花序や花の構造により受粉の様式にはいくつかの種類がある。同じ両性花内での受粉で，葯の花粉が機械的に雌しべの柱頭に直接触れたり，あるいは昆虫の訪花により葯の花粉がその柱頭に移動する場合。これが最も一般的な自殖である。このほか同じ個体のなかの一つの花から別の花へと花粉が移動する場合。これは隣花受粉（geitonogamy）と呼ばれ，同一クローン内の花間やたくさんの花をつける樹木などにおいて生じる。さらに，後述するが，花が開くことがなく，蕾のままで完全に自家受粉のみを行う閉鎖花も存在する。

　このように，自殖はさまざまな両性個体で行われるが，それでは，自殖（両性個体）はどんな場合に有利なのだろうか？

(1) 何度も繰り返すが，植物は動物のように交配相手を見つけるために動くことができない。したがって，他個体と交配するためには，

花粉の移動を昆虫や風に任せなければならないが，それがいつもうまく自分の仲間の柱頭に運ばれるとはかぎらない。たとえばスギの花粉症は，私たちにとって大変やっかいであるが，スギにとっても喜ばしいことではない。つまり，本来は雌花に飛んでいってほしい大切な雄花の花粉が，その移動をきまぐれな風にゆだねるため，私たちの目や鼻に到達してしまい，無駄になっているのである。自殖では他個体と花粉のやり取りをする必要がなく，同じ花の中や，同じ花序内の花間で受粉を行うために，より確実に種子を作ることができる。

(2) 虫に花粉を運んでもらう虫媒花では，虫たちはボランティアとして花粉を運んでいるのではない。虫たちは蜜や花粉を自分や子どもの餌として集めるために花を訪れ，その行動を通じて植物は花粉を移動してもらっている。その昆虫たちへの目印になっているのが，花の大きさ，色，匂いなどである。したがって，雌雄が別々の個体であれば，その虫を引きつけるための器官を，雌花と雄花で，それぞれ別々に用意しなければならない。両生花ではその器官を共有し，そのための資源の投資（コスト）を下げることができる。

(3) さらにコストという観点から見ると，雌雄異株の場合，雄個体は花粉が運び出され，花が散ってしまうと繁殖への資源投資は終了する。一方，雌個体は受粉後，受精した胚珠を種子へと発達させることになる。したがって，植物が花粉を成熟させる時期と種子を成熟させる時期とは，季節的に異なっていることから，両者は別々の資源に依存していると考えられる。したがって，両性個体の場合，雄器官と雌器官（花と果実）への資源投資の時期が重複しないことで，そのコストをうまくやりくりしていると考えられる。

(4) このほか，種子が散布され，新しい生育場所に侵入するような場合，雌雄異株では，同時に少なくとも雄雌各1個体が近くに侵入する必要があるが，両性個体では1個体が侵入するだけで，自殖により種子を生産し，その後集団を形成することが可能である。したがって，火山島など遷移初期の状況などでは自殖を行う種の侵

入・定着が有利と考えられる。

さて、ここまで見てくると、動けない植物にとって自殖はいいことずくめのようであるが、自殖は生物学的に見るといわゆる近親交配である。一般的に近親交配によって生まれてくる子どもは虚弱であったり、繁殖力に劣ることが多い。そのような現象は近交弱勢（inbreeding depression）と呼ばれる。突然変異などで生じる多くの有害遺伝子は通常劣性遺伝子であるため、その遺伝子をヘテロ接合でもつ個体では有害遺伝子の影響は現れない。したがって、任意交配が行われている大きな集団では、仮に有害遺伝子が存在しても個体はヘテロ接合をしているため、発現する確率は低い。しかし、同じ遺伝子を共有している可能性が高い近親個体どうしの交配の場合は、弱有害遺伝子や致死遺伝子などがホモ接合になる確率が高くなる（図6-1）。

動物のように個体がどちらか一方の性しかもたないような場合は、近親交配といっても親や子、あるいは兄姉との交配である。しかし、植物

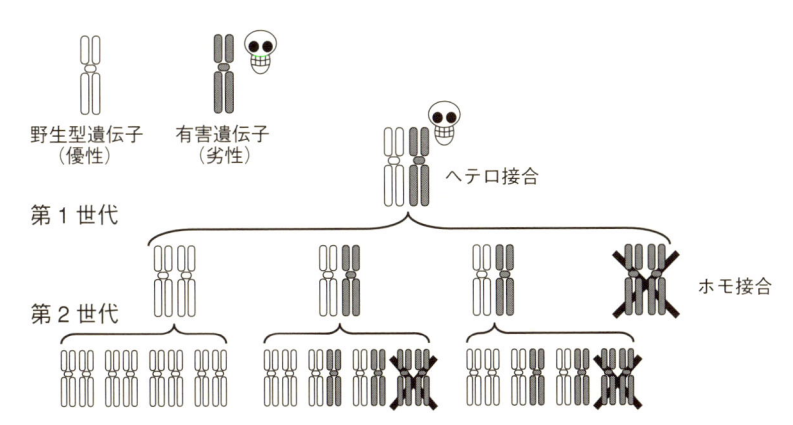

図6-1 自殖による有害遺伝子が発現するメカニズム。体細胞で対になる2本の染色体において、同じ位置にある遺伝子（対立遺伝子）が同じである場合をホモ接合、違う場合をヘテロ接合という。劣性の遺伝子の場合、ヘテロの状態ではその性質が表現型では現れず、ホモになって初めてその性質が現れる。自殖を行うことにより、各世代で劣性遺伝子がホモ接合になる個体が出現する。個体の生存や繁殖に多少不利に作用するような劣性遺伝子は弱有害遺伝子、それを保有することにより個体を死に至らせるほどの強い効果をもつ遺伝子を致死遺伝子と呼ぶ。

の自殖は，自己と自己の交配であるから，弱有害遺伝子や致死遺伝子がよりホモ接合になりやすい非常に強い近親交配と考えられる。近交弱勢は適応度の低い子孫を作ったり，集団に劣性突然変異が生じた場合など，自殖により蓄積され適応度が低下することが想定される。自然選択による進化では，子孫の生存力や繁殖力を低下させるような特徴は排除されると考えられる。したがって，それを避けるための適応進化は起こりやすく，自殖を避け他殖を促進するために，植物はさまざまな性表現と花の多様性を進化させてきたと考えられる。

6-2　自殖を避けるためのメカニズム

6-2-1　雌雄離熟と雌雄異熟

　一つの個体に雄雌両方の機能をもつ両性個体は，基本的に自殖をする可能性をもつが，植物たちはさまざまな方法でそれを回避している。キュウリやトウモロコシのように，一つの個体の中で雌雄の花がそれぞれ離れた部位に位置する場合や，両性花でも雄しべと雌しべが空間的に離れている場合には自家受粉が妨げられる。この状態を雌雄離熟（herkogamy）と呼ぶ。多くのラン科植物では潜在的には自らの花粉で受精する自家和合性（self-compatibility）をもつが，特殊化した構造の花の中で雄しべと雌しべが隔離され，自家受粉は起こらない。ただし，雌雄離熟でありながらもツユクサのように柱頭が花粉を受けとらなかった場合に，葯あるいは柱頭が曲がり互いに接するようになる遅延自家受粉を行うものもある。

　また，個体自体の性型が変化するのではなく，同じ植物体（花序）でありながらその開花期間のなかで雌雄の成熟する時期が異なることにより，実質的な雌花，両性花，雄花として機能する雌雄異熟（dichogamy）も存在する。たとえば，オオバコの場合は，まず蕾の状態から花序内の下部から雌しべの伸長が始まり，時間の経過とともに徐々に花序の上部へと雌しべの伸長が移行していく。そして，雌しべの伸長の後を追いかけるようにその後雄しべが伸長していく。このように，雌花の状態が

先行するものを雌性先熟（protogyny；キク科，キキョウ科，リンドウ科など）と呼ぶ。一方，アザミの場合は，先に花序の周辺部で雄しべの伸長が始まり，徐々に花序の中心部へ雄しべの伸長が進み，雄しべの後に雌しべが伸長する雄性先熟（protoandry；セリ科やウコギ科など）である。

6-2-2 自家不和合性

自家不和合性（self-incompatibility）は，仮に自家花粉が柱頭に付着しても，花粉の不発芽，花粉管の雌しべへの不侵入や花粉内での伸長阻害，受精の失敗など生理的に自殖を妨げる機構である。自家不和合性は，まず，花の形態的から同形花型自家不和合性と異形花型自家不和合性に分けられる。そして，同形花型自家不和合性では，さらにその自家不和合性制御遺伝子（この遺伝子は self-incompatibility の頭文字をとって S 遺伝子と呼ばれる）の発現様式から，配偶体型自家不和合性と胞子体型自家不和合性の2タイプに分類される（図 6-2）。配偶体型はナス科，バラ科，ケシ科などで見られ，一方，胞子体型はアブラナ科やヒルガオ科などの植物群で見られる。

配偶体型自家不和合性は，花粉 S 遺伝子の表現型が花粉（配偶体）自身の遺伝子型によって決まる。雌しべで発現する二つの S 対立遺伝子は共優性であり，両対立遺伝子の形質を示す。配偶体型の場合，不和合性反応はナス科・バラ科では，花粉管の停止場所は花柱であるのに

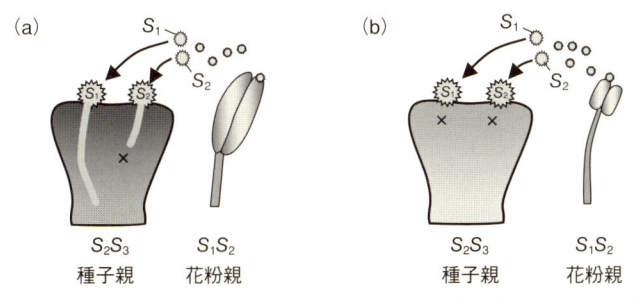

図 6-2 自家不和合性のしくみ。(a) 配偶体型。不和合反応は，個々の半数体の花粉の遺伝子によって決まる。(b) 胞子体型。不和合反応は，花粉を生産した親の遺伝型によって決まる。

対し，ケシ科植物では柱頭部か花柱上部と，花粉管の停止場所は植物種によって異なる。

　胞子体型自家不和合性は，花粉S遺伝子の表現型が花粉を生産した親個体(胞子体)の遺伝子型によって決定される。二倍体植物の場合，S対立遺伝子は一対(二つ)存在するので，花粉の表現型にはその二つの対立遺伝子間で優劣が生じる。この優劣性は雌しべ側でも生じ，花粉と雌しべの優劣性関係は必ずしも生じない。この胞子体型自家不和合性の場合，すべて不和合性反応は柱頭上で生じる。

　異形花型自家不和合性は，同じ種のなかで2種類あるいは3種類の異なった花型をもつものである。そのなかで，異型花柱性は，雌雄離熟性と自家不和合性が結合したのといえる。最も一般的な異型花柱性はサクラソウ属に代表されるような花柱の長さに長短の2タイプがある二型花柱性である。サクラソウの集団では，図6-3(a)に示すような，長い花柱をもつ長花柱花(ピン型)と，短い花柱をもつ短花柱花(スラム型)がほぼ同じ頻度で見られる。サクラソウでは，同じ花内で受精しな

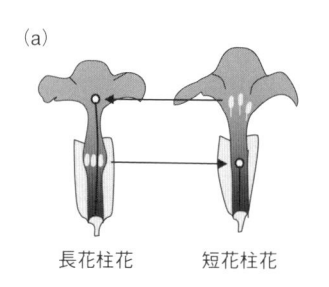

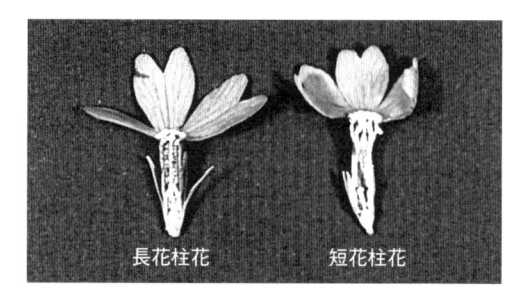

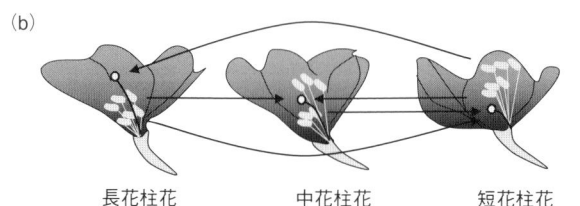

図6-3 植物に見られる異型花柱性と受粉様式。(a) 二型花柱性，(b) 三型花柱性。写真は，サクラソウの二型花柱性。

い自家不和合性，さらには自分と同じ花型間では受精しない同型不和合性をもつため，ピン型およびスラム型のそれぞれの花は異なる型からの花粉でのみ受精する。

このほかにも，長花柱花，中花柱花，短花柱花の三つの花柱タイプからなる三型花柱性がある（図6-3(b)）。それぞれのタイプは他の2タイプと受精することが可能である。平衡状態にある集団では，この三つのタイプの頻度は同じくなるはずであるが，北米に生育するクローン性のミソハギ科の*Decodon verticillatus*では氷河期後の移住に関連して，北米のニューイングランド地方や中部オンタリオ地方で中花柱花の頻度が低下したと考えられている（Eckert & Barrett 1994）。また，ホテイアオイの仲間*Eichhornia paniculata*は，自生地であるブラジルでは三型花柱性を示すが，人為的に持ち込まれたカリブ諸島では，葯と柱頭が隣接した自家和合性をもつタイプが二次的に分化していることも知られている（Barrett, 1996）。

6-3 閉鎖花と開放花

日常私たちが目にする植物の多くは，蕾をつけて開花する。しかし，スミレ属やツリフネソウ属植物のなかには閉鎖花（cleistogamous flower）と呼ばれる開花しない花をもつものがあり，蕾の中で完全な自殖が行われる。したがって，閉鎖花では花粉が花の外に出ることはなく，確実に雌しべに到達するため，スギの花粉症のような無駄になってしまう花粉は少なくてすむと考えられる。Cruden (1977) は，さまざまな種の花当たりの花粉数（pollen）と胚珠数（ovule）の割合（P/O比）を

表6-1　交配様式とP/O比との関係（Cruden 1977より）

交配様式	種数	P/O比（平均±標準誤差）
閉鎖花	6	5 ± 1
絶対的自殖	7	28 ± 3
条件的自殖	20	168 ± 22
条件的他殖	38	797 ± 88
絶対的他殖	25	5,858 ± 936

まとめ，交配様式との関係を調査した(表6-1)。実際の受精は一つの胚珠に対して，一つの花粉との間で行われる。したがって，このP/O比は，一つの胚珠を受精させるために用意されている花粉の量の指標とい

Box 6-1　重複受精

　被子植物における受精は，二つの精細胞が重複受精 (double fertilization) と呼ばれるユニークな過程を通じて行われる。重複受精は，(1) 卵の受精，(2) 胚に栄養を与える内乳と呼ばれる栄養物質の形成，という二つの大切な発達過程からなる。花粉が柱頭上を覆っている粘性のある糖質の物質に付着すると，発芽した花粉は花粉管 (pollen tube) を花柱の中を突き通るように伸長させる。糖質によって栄養を与えられた花粉管は，子房の中の胚珠に到達するまで成長する。その間に，花粉粒の管細胞内の雄原細胞は別れて二つの精細胞になる。

　そのうちに，花粉管は胚珠内の胚嚢に到達する。胚嚢への侵入に際して，卵細胞の側面に位置している助細胞の一つが退化し，花粉管が細胞内に入ってくる。そして，花粉管の先端が破れて，二つの精細胞が放出される。精細胞の一つは卵細胞と受精し，接合子を形成する。もう一方の精細胞は，胚嚢の中央にある二つの極核と一緒になって，三倍体 ($3n$) の初期の内乳の核を形成する。そして，それはその後最終的に内乳になる。

　受精が完了すると，胚は何度も分裂を繰り返し発達する。その間に，胚を覆い保護する組織が形成され，種子ができる。

図6-4　花粉粒と胚嚢の形成 (a) と重複受精 (b)。(a) 二倍体 ($2n$) の小胞子母細胞は葯に収められていて，減数分裂によって4個の一倍体 (n) の小胞子に分かれる。それぞれの小胞子は有糸分裂によって花粉粒になる。花粉粒内の雄原細胞はのちに分裂して2個の精細胞になる。胚珠内では，1個の二倍体の大胞子母細胞が減数分裂によって4個の一倍体の大胞子になる。通常，大胞子のうち1個だけが生き残り，他の3個は退化する。生き残った大胞子は，有糸分裂によって8個の核からなる1個の胚嚢になる。(b) 花粉が花の柱頭に付くと，花粉管細胞が成長し，花粉管を胚嚢に向かって伸長させる。花粉管が伸長している間，雄原細胞は二つの精細胞に分裂する。花粉管が胚嚢に到達すると，助細胞の一方の中に侵入し，精細胞を放出する。そして，重複受精という過程では，一つの精細胞は卵細胞と合体して二倍体 ($2n$) の接合子になり，もう一つの精細胞は二つの極核と合体して三倍体 ($3n$) の内乳の核になる。

Box 6-1　重複受精

(Box 6-1　続き)

うことができる。その結果，より確実に受粉を行う閉鎖花や自家受粉を行う種ではP/O比は低く，その反対に他殖により依存する種ではその値が高くなっている。つまり，他殖であるほど一つの胚珠に対して，より多くの花粉が用意されているということになる。

閉鎖花をもつ植物の多くは同時に同じ個体の上に，通常の花が開く開放花 (chasmogamous flower) をもつ。したがって，個体レベルでは完全な自殖を行っているわけではなく，同じ個体上に開放花（花が開き，他殖を行うことができる）と閉鎖花（開花することなく蕾の状態で自家受粉のみを行う）の二つの機能の異なる花をもち，その二つの花の割合を環境条件により使い分けている。たとえば，ツリフネソウ属植物では，明るい場所（訪花昆虫が期待できる）では開放花の割合が高く，より暗い場所では閉鎖花の割合が高い。このように，変動する環境下で，異なるタイプの子どもを産む生物の適応戦略を両掛け戦略 (bet-hedging-strategy) と呼ぶ。

6-4 ポリネーション・シンドローム

自ら動くことができない植物が他殖を行うためには，花粉を何か動くものに託して移動させなければならない。それは，風や水のような物理的媒体であったり，あるいは昆虫などの生物的な媒体であることもある。花粉を運ぶ虫たちは，ボランティアで花粉を運んでくれているのではなく，植物たちは虫に来てもらい，そして花粉を運搬してもらうためのコストを支払っている。

6-4-1 報 酬

花粉を運ぶ昆虫たちにとって，送粉のための植物からの具体的な見返り（報酬）は，蜜と花粉である。蜜は主に花冠の基部にある蜜腺より分泌され，花の奥の部分（距など）に蓄えられる。そして，昆虫たちがその蜜を求めてやって来たときに，その手前にある雄しべや雌しべにふれて，花粉の授受がなされる。鳥，コウモリ，チョウなどは蜜を自分の養分として利用するが，ミツバチ，マルハナバチなどの社会性の昆虫は，

幼虫の食料として利用する。したがって，ハチの仲間は効率よく蜜を体内に蓄えて巣に持ち帰るために，比較的高い濃度（20～50％）の蜜を集める傾向がある。その一方で，チョウ，ガなどの細い口吻をもつ昆虫やハチドリは，高い濃度の蜜は吸うのが困難であるため，比較的低い濃度（10～20％）の蜜を集める。

一方，花粉も昆虫にとって栄養価の高い食料であるが，蜜と大きく異なる点は，花粉は運んでもらいたい雄性配偶子そのものであり，昆虫の餌としてだけ利用されては植物は本来の受粉の目的を果たせない。したがって，動物は花粉を一方的に食料としてしか見ていないが，植物側は「花粉はできるだけ食べられずに運んでもらいたい」というのが本音である。

そのような花粉をめぐる互いの駆け引きのなかで，マタタビでユニークな現象が見られる。マタタビは外見上，雄花をつける雄株と両性花をつける両生株とからなる雄性両全性異株である。したがって，両方の花に雄しべがあり，花粉が存在するが，それぞれの花粉を採取し染色してみると，雄花の花粉は色素で染まるが両性花の花粉は中空で，機能的には雄の役割を果たしていない。いわゆる張りぼて花粉なのである。これを，偽花粉と呼ぶ。山口（1991）は，このマタタビの二つの花を訪れるマルハナバチの訪花を観察し，両花への滞在時間に違いがないことを明らかにした。つまり，マルハナバチは2種類の花を区別しておらず，同じように花粉を集めていることから，両性花の花粉はマルハナバチへの安価な餌として機能しているのである。このような偽花粉の存在は，このほか，ムラサキシキブ（川窪 1991）などでも知られている。

蜜と花粉は，花粉媒介者に対する直接的な報酬であるが，このほかにもイチジクとイチジクコバチの関係のように花粉媒介の見返りとして，イチジクコバチに産卵・生育場所を提供している場合もある（Meeuse & Morris 1984）。

6-4-2 広　告

蜜や花粉は，花粉を運んでくれる昆虫たちへの直接的な報酬である

が，花の色や匂いは，昆虫たちにその蜜や花粉の在処を知らせる目印であり，それはいわゆる広告に相当する。昆虫たちがどの色の花を好んでいるかは非常に多様で，たとえば，同じチョウの仲間でもアゲハチョウの仲間は赤に敏感に反応する。

　一方，ミツバチの仲間はこの赤に対しては色盲で，その反面，人間には見えない波長の短い紫外線領域を認識できる（図6-5）。いろいろな花の写真を紫外線だけで（レンズにUVフィルターをつけて）撮影してみると，人の目には見えない模様が見られる場合がある。したがって，ミツバチは花の色でなく，この昆虫にしか見えない紫外線の模様（ガイドマーク）を頼りに花を訪れているのである。このマークの形状は植物種によって異なっており，花の外部形態はよく似ているエゾカンゾウとニッコウキスゲという近縁種でも，ガイドマークの模様が異なっている（田中 1997）。

　このように，植物はより確実に，より効率よく花粉を花粉媒介者に運んでもらうためにさまざまな花の構造や受粉の仕組みを進化させてきた。植物側はできるだけ報酬のためのコストを減らして花粉を運んでもらいたい。一方，動物側はできるだけコストがかからないように楽をして報酬を得たいという，相反する立場がある。

　そのため，せっかく植物が蜜を花の奥に用意し，雄しべ，雌しべのある花の正面からの訪花を期待しているにもかかわらず，虫たちは，蜜のためられた花の奥に直接穴を開け，受粉することなく，蜜だけ持ち去る（盗蜜）現象も存在する。また，その一方で，植物側も花蜜を分泌する近縁種の花に似せる（擬態）ことで，自らは蜜を分泌することなく花粉

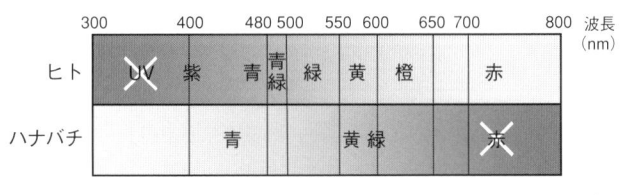

波長(nm)	300	400	480	500	550	600	650	700	800
ヒト	UV(×)	紫	青	青緑	緑	黄	橙	赤	
ハナバチ			青		黄緑			赤(×)	

図6-5 ヒトとハナバチの視覚のスペクトルの比較（Barth 1985より）。ヒトは紫外線（UV）を見ることができないが，反対にハナバチは赤色を見ることができない。

を運んでもらっているランの仲間のキンリョウヘンもある．このように，花に昆虫が訪れている一見のどかな情景には，植物と動物が自らの利益を求め，手練手管ともいえるせめぎ合いが存在しているのである．

6-5 結実のメカニズム

これまで見てきたように，植物はさまざまな手段で，子孫を確実に残そうとしている．しかし，仮に多くの花を咲かせたとしても，それらがすべて果実や種子を作っていないのが現実である．まず，ここで，植物の果実や種子のできかたを表現する二つの語句を整理しておこう．それが，結果率と結実率である．結果率は，植物の個体単位，または花序単位で付けた花数に対する実の数の割合（果実数/花数）である．一方，結実率は，一つの花の中にある胚珠数に対してできた種子の割合（種子数/胚珠数）である．特に結実率は，Seed（種子）と Ovule（胚珠）とから，S/O 比とも呼ばれる．

それでは，なぜせっかく付けた花が実にならないのであろうか．その解釈には，いくつかの仮説が提唱されている．

（1）花粉制限（pollen limitation） これは，植物が実を付けようと花や胚珠を用意していたにもかかわらず，昆虫の訪花頻度が低かったなどの理由により，十分な花粉数が雌しべの柱頭に運ばれなかったという考え方である．この仮説の検証はシンプルで，人間が最強の花粉媒介者となり，リンゴやナシの果樹園のように，和合性のある花粉を十分に柱頭に付着させ，その結果率，結実率が上昇すれば，花粉制限が原因であったことが示される（図 6-6）．

（2）資源制限（resource limitation） 植物は光合成を通じて獲得した資源を，生きるためのさまざまな用途に活用している．そのため花を果実へ，または胚珠を種子へ発達させるためには新たに資源（コスト）が必要であり，仮に柱頭に花粉が十分について，受精が行われたとしても，それを果実や種子へ発達させるための資源が不足している場合が考えられる．この検証は強制受粉をほどこしても結果率，結実率が上昇しないことから確かめられる．ただし，上述の花粉制限が生じている場合

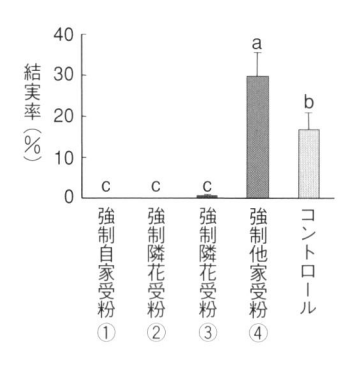

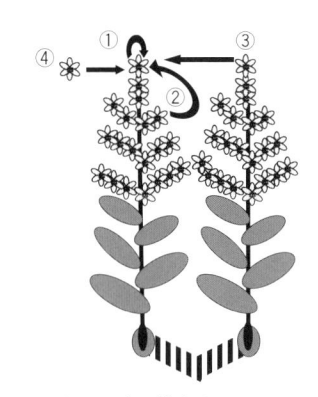

図6-6 バイケイソウにおける交配実験の結果（Kato et al. 2009）。異なるアルファベットは無処理個体の結実率との統計的な有意差を示す。バイケイソウは強制他家受粉（④）の結実率が，コントロールよりも高くなったことより，花粉制限が生じていることが示された。また，バイケイソウは，複数の花からなる花序をもち，さらに地下茎によるクローン成長を行う。そのため，個花内の受粉（①）のみならず，同一花序内の花間（隣花受粉（②））と，同一ジェネット内のラメット間（③）の3通りの自家受粉が想定される。この結果から，バイケイソウは強い自家不和合性を示すことも明らかになった。

でも，資源の補償がないかぎり十分な結実は得られないことになる。

また，多年生植物で考えなければならないのは，一生の長さである。一年生植物では繁殖のあと枯死するために，すべての資源を繁殖に投資すると考えられるが，多年生植物では，繁殖のみならず，その後の自らの生存にも資源を維持しなければならない。したがって，多年生植物のなかには，1度の強制受粉で結実が増加したとしても，そのために当年の繁殖に大量に資源を投資したため，翌年の繁殖が低下することも知られている（Snow & Whigham 1989）。その一方で，Ohara et al. (2001)は多年生の林床植物エンレイソウが，当年の結実を自ら制限することにより，翌年以降の生存のための資源を維持し，安定した毎年の開花・結実を行っていることを明らかにしている（図6-7）。

（3）リザーブ仮説（reserve hypothesis） これも，資源を背景に考えられる仮説である。結果率，結実率は当年作られた花の数，胚珠の数に基づいて算出されている。しかし，植物は受粉できる花の数や結実に投資できる資源の量を，花を形成する時点で知ることはできない。た

6-5 結実のメカニズム

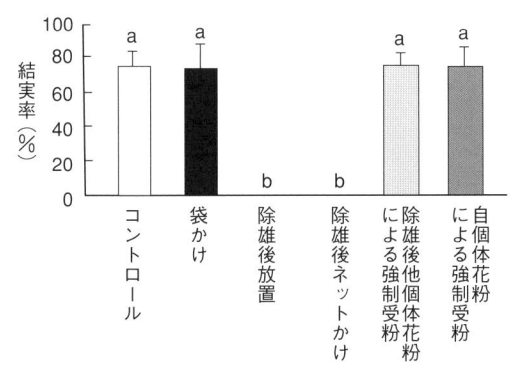

図6-7 エンレイソウにおける交配実験の結果。異なるアルファベットは無処理個体の結実率との統計的な有意差を示す。この実験の結果から，潜在的に他殖も可能であるが，自然条件下では自殖が行われていると考えられる。また，強制的な受粉（他家・自家）や袋かけを行ってもコントロールよりも結実率が上昇しないことから，花粉制限は生じていない。このことは，図4-10, 4-11で示したように，エンレイソウの開花個体が毎年安定した開花を続けていることとも一致する。

とえば，春に開花する植物の場合，花芽は前年の秋には完成している。つまり，花形成の資源は前年度の資源に依存し，結実の資源を当年に依存しているような場合，仮に前年にたくさんの花芽を用意しても，当年の天候が不順だったり，訪花昆虫の活動が低い場合には，結果率，結実率は低くなってしまうのである。

（4）雄機能（male function hypothesis） 結果率と結実率は果実生産あるいは種子生産に着目した指標で，いわゆる雌側の繁殖成功を見ていることになる。しかし，両性花においてその花や個体が，花粉提供者としての雄としても貢献しているのであれば，必ずしも結実率などで評価される雌の貢献は100％でなくてもよいのでないか，というのがこの仮説である。Sutherland & Delph (1984) は，文献資料に基づき，両性花316種と，単性花129種の結果率を比較した。つまり，雌と雄の両面から遺伝子を残すことができる両性花の結実率よりも，果実を作る以外に自分の遺伝子を残すことができない単性花の雌花の結果率が高いであろうと予測したのである。結果は，両性花の結果率が42.1％であったのに対し，単性花の結果率は61.7％と，彼らの予想を支持する

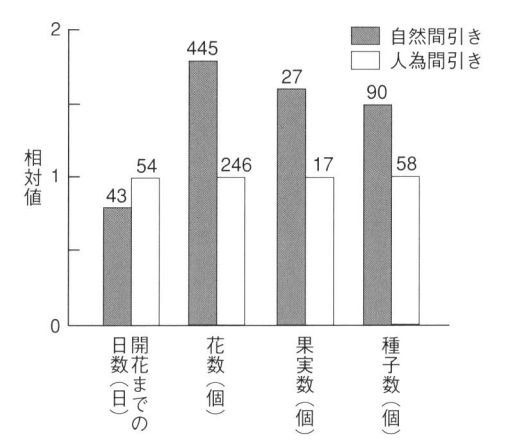

図6-8 インゲンマメにおける胚の自然中絶が，次の世代の開花・結実に及ぼす影響 (Rocha & Stephenson 1981 より)。棒グラフ上の数は実測値。人為間引きを1とした場合の相対値で示してある。人為的に胚を間引いて中絶させた処理よりも，自然に個体が間引いた (選択した) ほうが，成長も早く，開花もより多く付け，さらに結実もよい。

ものであった。彼らは，実際に雄の貢献度は測定していないが，両性花の結果率の低下が雄による貢献によるものと考えたのである。

(5) 選択的中絶 (selective abortion hypothesis)　動物では，交尾の段階で雌側が交配相手を選ぶことができるが，植物では雌しべの柱頭に花粉が付着する段階で花粉を選ぶことはできない。しかし，この仮説は植物にとっての選択的中絶，つまり，雌が雄 (花粉) を選ぶというちょっと斬新なものである。ただし，雌しべが現実には花粉親を選んで交配することはできないため，実際には，受粉・受精した果実 (あるいは胚珠) のなかから，その後の発芽率や成長率などの生存にとっての資質が高い量的・質的に優れているものを選択して成熟させ，劣るものを中絶するというものである。植物は，花粉をもらう前には雄を選択できないので，劣るものをあえて果実や種子まで発達させないため，その結果・結実率が100%にならないという考え方である。Rocha & Stephenson (1991) は，インゲンマメを用いて選択的中絶を見事に明らかにしている (図6-8)。

7章
繁殖様式と個体群の遺伝構造（基礎知識編）

　自ら積極的に動けない植物の生活史のなかで，花粉と種子の移動は，個体群の遺伝的動態も変化させている。たとえば，花粉の移動は個体間での交配を通じて個体群中に遺伝的な変化を生みだす。そして，作られた果実・種子は個体群中で移動して，新たな遺伝的変異を定着させたり，あるいは個体群外に移動することにより，新しい個体群を形成したりする。さらに，定着した個体は個体群中での新たな交配相手を生みだすことになる。ここまでは主として植物の繁殖にかかわる生態学的側面を見てきたが，これからは，それによってもたらされる遺伝学的側面を見てみることにしよう。

7-1　ハーディー・ワインバーグ平衡

　集団の遺伝的組成およびその変化を明らかにするためには，ある世代における遺伝子頻度や遺伝子型頻度が，次の世代でどのようになるかを明らかにする必要がある。イギリス・ケンブリッジ大学の数学者ハーディー（Hardy：1877 - 1947）とドイツの内科医ワインバーグ（Weinberg：1862 - 1937）は，それぞれ独自に遺伝的変異が存続する謎を解明した。まず，彼らは，（1）集団サイズが十分に大きい，（2）集団中で任意交配が起こる，（3）突然変異が生じない，（4）他の集団から遺伝子が移入されない，（5）選択が起こらない，の仮定のもとでは，集団内での遺伝子型の頻度は世代間で維持されることを指摘した。もしも，一つの遺伝子座上の1対の対立遺伝子Aとaが選択的に中立であり，また，各個

体が互いに任意交配しているとしたら，私たちは，その両親の遺伝子型の頻度からその子どもたちの間で期待される遺伝子型の頻度を算出することができる．たとえば，ある個体群で常染色体上の一つの遺伝子座に1対の対立遺伝子Aとaがそれぞれpとqの頻度で存在する場合（この場合，集団中には二つの対立遺伝子しかないのでつねに$p + q = 1$となる），次の世代で期待される三つの遺伝子型AA，Aa，aaの頻度はそれぞれp^2, $2pq$, q^2になる．このように，それぞれの遺伝子型が$(p + q)^2$で表される頻度で存在する場合は，その集団（個体群）はハーディー・ワインバーグ平衡（Hardy-Weinberg equilibrium）にあるという．

さらに，次世代でのAとaの頻度p'とq'は，それぞれのホモ接合体頻度にヘテロ接合体の頻度を加えたもの，すなわち

$$p' = p^2 + \frac{1}{2}(2pq) = p^2 + pq = p(p + q) = p$$

$$q' = q^2 + \frac{1}{2}(2pq) = q^2 + pq = q(q + p) = q$$

となり，前の世代の頻度p, qと全く同じである．したがって，任意交配が行われている集団では毎世代，遺伝子頻度と遺伝子型頻度とも不変であるということになる．

7-2 遺伝的多様性

遺伝子多様度（gene diversity）は集団間，集団内のパッチ間，個体間などのさまざまな段階で計測することができる．集団の遺伝的変異の程度を評価するための尺度として，遺伝子多様度（H_e）は以下の式

$$H_e = 1 - \sum_{i=1}^{n} p_i^2$$

で算出される．ここで，p_iはi番目の対立遺伝子の頻度，nは対立遺伝子の総数である．したがって，p_i^2は選んだ二つの対立遺伝子が両方とも同じタイプである確率を示し，それを1から引くことは，その逆にランダムに選んだ二つの対立遺伝子が異なっている確率を示している．そして，遺伝子多様度はすべての遺伝子座（変異のない遺伝子座も含めて）にわたる平均で与えられ，一つの集団内の遺伝子多様度（H_s）や，

一つの種のさまざまな集団に関する遺伝子多様度（H_t）を量的に比較するために用いることができる。さらに，一つの種の集団間の遺伝的分化の程度（G_{st}）は，$G_{st} = (H_t - H_s)/H_t$ により求めることができる。ここで重要なのは，この指数は遺伝子型頻度に基づくものではなく，遺伝子頻度で算出することができるため，いかなる交配様式の集団に対しても用いることができるということである。

7-3　ハーディー・ワインバーグ平衡を乱す要因（進化をもたらす要因）

ハーディー・ワインバーグ平衡を乱す要因は，進化をもたらす要因ともいえよう。ハーディー・ワインバーグの法則では，集団の大きさは無限大でありかつ任意交配を前提としている。しかし，遺伝子頻度や遺伝子型頻度が毎世代不変である状況がつねにすべての遺伝子座で成り立つならば，いくら世代を重ねても，あるいは集団がいくつに分かれても，集団間に遺伝的構造の分化は生じず，したがって，生物の進化も考えにくくなる。

ダーウィン（Darwin：1809–1882）が提唱した自然選択の有効性は広く受けいれられているが，それだけが集団の遺伝的構造に変化をもたらす過程ではない。突然変異が種々の対立遺伝子に起こる場合や，移入個体が集団に異なる対立遺伝子を持ち込む場合には，対立遺伝子頻度も変化する。さらに，集団が小さい場合，対立遺伝子頻度は偶然に変化することもある。

自然界に存在する現実の生物集団では，ハーディー・ワインバーグの法則によって期待される遺伝子頻度，遺伝子型頻度の平衡を妨げるような要因が働いており，その結果として個々の遺伝子座での遺伝子頻度，ひいては集団全体の遺伝的構成の時間的・空間的変化が生じてくる。特に，現実の植物の交配は集団の限られた近隣個体の間で行われている。したがって，任意交配は数学的な便宜上の仮定であり，空間的に限られた遺伝子の移動の重要性は，Wright（1952）やFalconer（1989）らの量的遺伝学者によって指摘されている。

Box 7-1　ハーディー・ワインバーグの法則を適用してみる

　メンデル (Mendel：1822 - 1884) が行った花の色が異なる (紫色と白色) エンドウの交配を例にハーディー・ワインバーグの法則を考えてみよう。たとえば，100個体のエンドウの中に，84個体の紫花と16個体の白花が存在したとしよう。これらの二つの表現型の頻度は，紫花が84％，白花が16％ということになる。白花が劣性の対立遺伝子aのホモ接合体aaで，紫花は優性の対立遺伝子Aのホモ接合体AA，またはヘテロ接合体Aaだとする。白花の出現頻度は$q = 0.16$であるため，対立遺伝子の頻度は$q = 0.4$となる。よって対立遺伝子Aの頻度は$1 - 0.4 = 0.6$となる。ここで遺伝子型頻度を算出することができる。つまり，紫花のホモ接合体AAの頻度は$p = (0.6)^2 = 0.36$，つまり100個体中に36個体という割合になる。さらにヘテロ接合体Aaの頻度は$2pq$であるから$2 \times 0.6 \times 0.4 = 0.48$，つまり100個体中48個体ということになる。

　したがって，次世代では，任意交配を仮定すると，二つのAが組む確率は$p^2 = (0.6)^2 = 0.36$であり，これは集団中の36％の個体が遺伝子型AAであることを意味する。一方，遺伝子型aaの出現頻度は$q = (0.4)^2 = 0.16$であり，集団中の16％に相当する。そして，ヘテロ接合体Aaの出現頻度は$2pq$ ($2 \times 0.6 \times 0.4$) $= 0.48$となり，集団中の48％に当たる。したがって，集団がつねに100個体に維持されるならば，そのうち84個体の花は紫色 (遺伝子型がAAまたはAa)，16個体は白花 (遺伝子型はaa) である。減数分裂と受精による遺伝子の混合があるにもかかわらず，対立遺伝子，遺伝子型，そして表現型の頻度に変化がない。次世代では，二つのその頻度で二つの対立遺伝子が組むことになる。つまり，ハーディー・ワインバーグ平衡にある限り，対立遺伝子の優性または劣性は個体において対立遺伝子がどのように表現されているかにかかわっ

表現型	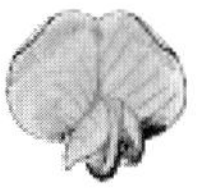		
遺伝子型	AA	Aa	aa
集団内の遺伝子頻度	0.36	0.48	0.16

図7-1　ハーディ・ワインバーグ平衡。遺伝子型および表現型の頻度を変化させる要因がない条件下では，これらの頻度は世代を経ても一定である。

(Box 7-1　続き)

ているだけで，対立遺伝子頻度が時間を経てどのような変化をするかということは関係ない。

しかし，実際の生物集団はハーディー・ワインバーグ平衡に従うとは限らない。たとえば，AAの頻度が0.45，aaの頻度を0.10とすると，このような過剰なホモ接合体や少ないヘテロ接合体の存在をどのように説明すればよいのだろうか。もしかすると，この集団ではヘテロ接合個体は長生きできないのかもしれない。または，互いに遺伝的に似ている個体同士がより交配しやすいのかもしれない。と，いうように，ハーディー・ワインバーグ平衡は，上述したさまざまな仮定条件がそろった集団において初めて実現されるものなのである。したがって，実際の研究ではハーディー・ワインバーグ平衡にない集団こそが，進化プロセスが働いている興味深い集団なのである。

7-3-1　突然変異

対立遺伝子に生じる突然変異は明らかに集団における特定の対立遺伝子の頻度を変化させる。一般的に，突然変異は各遺伝子，細胞分裂当たり約10万に1回の割合で生じている。この突然変異率は大変低いため，実際に対立遺伝子頻度を変化させるのはほかの要因のほうが大きいと考えられる。しかしながら，突然変異は遺伝的変化を導き出す根元的なものであることには間違いない。また，突然変異の起こりやすさは自然選択に左右されるものではなく，自然選択に偏って生じていることもない。

7-3-2　遺伝子流動

遺伝子流動 (gene flow) はある集団からほかの集団への，または集団内での対立遺伝子の移動である。自然界では一つの種が全体として一つの任意交配する集団を構成していることは稀で，分布範囲の大きさや生育環境の違いに対応して内部分化を生じ，それぞれ固有の遺伝的組成をもついくつかの集団あるいは分集団を形成しているのが普通である。しかし，一つの種として存在している以上，これらの集団もしくは分集団の間にある程度の遺伝子の交流が存在する。対立遺伝子頻度が異なる二つの集団を想定しよう。たとえば，集団1で

は，対立遺伝子頻度が $p = 0.3$, $q = 0.7$ で，もう一方の集団2では $p = 0.7$, $q = 0.3$ であるとしよう。遺伝子流動によりそれぞれの集団へ頻度の低い対立遺伝子がもたらされる傾向があるとしたら，世代を通して最初は対立遺伝子頻度はハーディー・ワインバーグ平衡からずれているが，両集団において二つの対立遺伝子の頻度が0.5になったときにおいてのみ，ハーディー・ワインバーグ平衡が成立するようになる。

固着性の植物において遺伝子流動は，花粉および種子の移動を意味し，遺伝子流動は個体群の動態とその遺伝的構造に大きな影響を与える。たとえ，大きな連続した個体群であっても二つの個体が交配する可能性は，その個体間の距離とともに減少する。さらに，親個体からの種子や果実の移動が限られていることを考え合わせると，近隣個体の遺伝的な相関はより高くなり，集団が遺伝的に細分化されるようになる。遺伝的近隣個体の範囲 (genetic neighborhood area (A)) は，花粉と種子が両親の個体の周りのすべての方向に（同心円状に）均等に移動するとして，両親と子ども間の散布距離の分散 σ^2 より，$A = 4\pi\sigma^2$ として求めることができる (Crawford 1984)。実際には，σ^2 は花粉による移動，種子による移動，また時にはクローン成長による移動などの一連の遺伝子流動により構成されており，それらは各種の生活史特性と密接に関連している。

（a）花粉による遺伝子流動

植物においては，花粉の移動は遺伝子流動を最も左右する要因であるが，それは，植物の密度，風の方向，花粉媒介者の訪花行動などにより敏感に変化する。花粉の移動距離は，昆虫などの動物によるよりも，風によるほうが大きいように思われるが，風による移動距離はほとんどの場合10km以内である。トウモロコシのような風媒の作物においても，雌花に到達する花粉の50％は12m以内の雄花から供給されており (Paterniani & Short 1974)，異なる品種の花粉の混入を防ぐための隔離の距離は1km程度である。

風媒性のイネ科植物 *Agrostis tenuis* で，興味深い，一連の研究がある (Bradshow et al. 1965; McNeilly 1968)。彼らは，イギリスの銅鉱山の廃

7-3 ハーディー・ワインバーグ平衡を乱す要因（進化をもたらす要因）

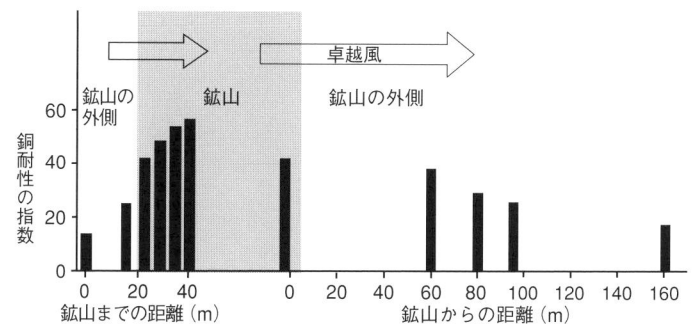

図7-2 イギリスの Drws-Coed の銅鉱山とその周辺におけるイネ科植物 *Agrostis tenuis* の銅耐性個体の分布と風向との関係 (McNeilly 1968)。銅で汚染されていない土壌では，耐性対立遺伝子をもつ個体の成長が遅い。したがって，銅鉱山の地域では銅耐性が高く，鉱山地域外では低いと予想された。しかし，卓越風により花粉が鉱山より風下に運ばれ，交雑により耐性遺伝子をもつ種子が形成されている。

鉱における銅 (Cu) イオンの土壌中における濃度と，この一帯に生育する *A. tenuis* を風上から風下にかけて採集し，株植物と種子から育てた植物における耐性を比較した。その結果，図7-2に示すように，同一地域集団においても，株植物と種子育成植物では耐性の変異性に顕著な違いが見られた。そして，鉱山跡地では種子集団よりも親植物集団の耐性が高い一方で，風下に位置する株植物では，その傾向が逆転している。

通常，高濃度の重金属は植物に対して毒性をもつが，ある遺伝子座の対立遺伝子はその毒性に対する耐性をもたらす。当然のことながら，ある植物種の特定重金属イオンに対する耐性は，それぞれの重金属イオンに対して特異的であり，逆に重金属のない地域では耐性の対立遺伝子をもつ個体の成長率は低い。この結果は，*A. tenuis* の耐性は銅イオンの濃度の高い鉱山跡地で最も高いが，その株の耐性遺伝子をもった花粉が風によって風下に運ばれ，交雑により耐性の高い種子が形成されたことを示している。したがって，風上には耐性の低い親集団とともに，耐性の低い種子集団が形成されるのも納得がいく。また風下に運ばれた花粉による耐性遺伝子は，銅イオン濃度の低い場所での成長には有効では

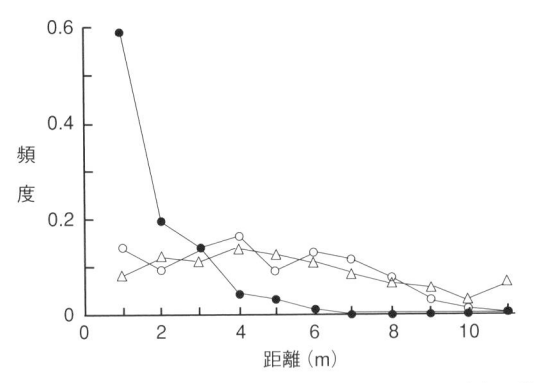

図7-3 ガガイモ科の植物 *Asclepias exalatata* における花粉媒介者の植物間の移動距離（●），実際の花粉散布距離（○）と植物個体間の距離（△）（Broyles & Wyatt 1991 より）。

ないため，実際に成長した株の耐性は低い。この事例は，花粉による遺伝子流動と自然選択の相反するバランスを示すうえでも非常に興味深い。

　動物の場合と異なり，植物個体群において，どの個体間で交配が行われたのかを知ることは難しい。風の向きや虫の行動に左右される小さな花粉の移動を把握するのは非常に難しいからである。花粉の移動は，小さな個体群では花粉と同じ粒径の染色用の粉 (dye) を用い，それを雄しべの葯に擬似花粉として付け，実際に物理的に計測調査する方法がある。この方法を用いて，Nilsson et al. (1992) は，ラン科の *Aerangis ellisii* の花粉の移動が5m以内であることを明らかにしている。

　このほか，遺伝マーカーを使うことにより，個体群内の実生や作られた種子を用いて，花粉親を識別する父系解析が可能である。Broyles & Wyatt (1991) は，アロザイム遺伝子を用いて，北米に生育するガガイモ科の *Asclepas exaltata* の個体群において，花粉媒介者の移動の多くは非常に短い距離であるにもかかわらず，実際の花粉散布距離の分布が植物個体間の距離の分布とほぼ等しいことを示した（図7-3）。また Meagher (1986) は，同じくアロザイム遺伝子を用いて，ユリ科の *Chamaelirium luteum* の集団では10m以内の個体間で互いに交配が行われていること

を明らかにしている。

　このような父系解析では，マーカーとなる遺伝子は多くの異なる遺伝子座においてより多型であることが望ましい。そのため，近年，マイクロサテライト遺伝子が，花粉の移動の推定に急速に活用されるようになってきた。特に，親個体が長年生存する樹木ではこの手法は非常に有効と考えられる。Isagi ら (2000) は，このマイクロサテライトマーカーを用い，ホオノキの花粉散布距離を平均 130 m (最短で 3 m，最長で 540 m) と推定している。彼らの調査区で，ある繁殖個体から見て最も近いところに位置する繁殖個体までの距離は平均 44 m であることから，ホオノキの受粉は必ずしも最も近い個体間で花粉が授受されているわけではないことがわかる。また，Streiff et al. (1999) は，コナラ属の *Quercus robur* と *Q. petraea* で 240 m 四方の調査区内の実生の 60 % は 100 m 以上離れた個体から花粉を受けとって作られたものであることを明らかにした。さらに，Dow & Ashley (1996, 1998) は，13〜21 の対立遺伝子をもつ四つのマイクロサテライト遺伝子を用いて *Q. macrocarpa* の遺伝子流動を調査し，この樹木において近隣個体の花粉よりも，より遠くの個体からの花粉を選択しているかのような受粉が行われていることを報告している。

　動物による花粉媒介では，花粉媒介者の行動が花粉の移動を左右するが，逆に，その行動は植物側の特性 (開花様式，開花個体密度など) によっても影響を受けている。Crawford (1984) は，ハチによって花粉媒介されるアオイ科の草本植物 *Malva moschata* において，個体当たりの花の数と自殖率 (selfing rate) の間に正の相関があることを見いだした。これは，個体当たりに多くの花をもつことは，訪花昆虫をおびき寄せることには好都合であるが，その一方で，昆虫たちは多くの花をもつ個体により長く滞在してしまうため，隣花受粉を含む自殖が促進されてしまうのである。また，ハチにより花粉を媒介する多くの植物では，開花個体の密度が高くなるほどハチの飛行距離がより短くなることから，個体群密度と遺伝的近隣個体の範囲 (A) の間には逆相関の関係が見られる (Levin & Kerster 1974; Fenster 1991a,b)。

一般に，花粉をコンスタントに長距離運ぶ花粉媒介者は，A と有効集団サイズ N_e（p.120 - 122 に解説）を増大させるが，その一方で集団の分化の可能性を低下させる。Turner et al.(1982) は，最近隣個体による受粉が遺伝子型の空間分布にどのように影響を及ぼすかを，シミュレーションした。他殖をする 10,000 個体からなる一年草の個体群において，最初に AA, Aa, aa の三つの遺伝子型の個体をランダムに分布させた状態から解析を始めた。その結果，100 世代以内に同じ遺伝子型の個体からなるパッチ状の構造が現れ，600 世代までにはヘテロの遺伝子型のものはほとんどなくなり，個体群が AA あるいは aa のホモの遺伝子型からなることを明らかにした。

(b) 種子による遺伝子流動

植物の生活史過程におけるもう一つの移動手段である果実・種子の散布も，個体群の遺伝的構造に影響を及ぼす。遺伝的に見ると，一つの種子は一つの花粉（半数体）の 2 倍の対立遺伝子をもっていることになり，種子散布も植物個体群の遺伝的な空間構造に影響をもたらすと考えられる。しかし，現実には多くの種子は限られた範囲に散布されている。実際に，風散布の植物では，ほとんどの種子は親個体からそれほど離れたところへは運ばれず，また，動物散布でも，げっ歯類などでは貯食により同じ個体から採られた果実や種子がまとまって蓄えられることから，広範囲への散布の可能性は低いと考えられる。

Fesnter (1991 a,b) は，草原に生育するマメ科の一年生植物 *Chamaecrista fasciculata* を調査し，他殖率は 0.8 と高いものの，遺伝子の散布は限られており，遺伝的近隣個体の範囲（A）は 100 個体が含まれる 2.4 m の範囲程度であることを示した。つまり，この植物の場合，遺伝子流動において，花粉の移動の貢献が高いが，種子散布による貢献はきわめて低いことになる。また，Beattie & Culver (1979) は，アリ散布型の種子をもつスミレ 3 種を対象に，花粉の移動，親から種子がはじけ飛ぶことによる移動，アリによる散布の三つの過程の遺伝的近隣個体の範囲（A）への貢献の程度を調査した。その結果，それぞれ 74 ％，22 ％，4 ％と，種子散布による貢献が最も低いことを示した。

このほか，Lord (1981) の調査によると，閉鎖花をもつ植物では，開放花由来の種子のほうが，閉鎖花由来の種子よりもより遠くへ散布される。特に，地下に閉鎖花を作るヤブマメのような植物では，閉鎖花由来の種子の移動は極端に制限され，遺伝的により親と近縁な子孫がより親に近い場所に残り，その一方で地上の開放花由来の種子が散布されることになる。このことは，親と遺伝的に類似している閉鎖花由来の子孫は，親が元来生育している環境に適応していることから，同じ環境に残る。一方，開放花由来の種子は分散（移動）のため，閉鎖花由来と開放花由来の種子を散布様式を変え，使い分けているようである。

　一方，Ohara & Higashi (1987), Higashi et al. (1989), Hanzawa et al. (1988) は，アリ散布型種子をもつエンレイソウ属植物やエンゴサクの仲間 *Corydalis aurea* で，アリに運ばれた種子のほうが，運ばれなかった種子よりも高い適応度を示すことを報告している（図7-4）。たとえ多くの種子がその親個体近くに散布されても，そのなかで時おり長距離運ばれる種子の運命が非常に重要である場合もある。特に，新しい個体群の

図7-4 アリによる種子散布。(a) ミヤマエンレイソウの種子を運ぶヤマトアシナガアリ。(b) 10 m × 10 m 調査区内におけるミヤマエンレイソウの種子の移動 (Higashi et al. 1989 より)。ミヤマエンレイソウの開花・結実個体 (●)。アリの巣：ヤマトアシナガアリ (○)，シワクシケアリ (□)，トビイロケアリ (△)。種子はアリの巣に運ばれるが，多くの種子が親個体近くに落下した果実より運ばれずに残る。そのため，実生が集中して発芽し（図4-13, 4-14参照），その後の死亡率が高くなると考えられる。

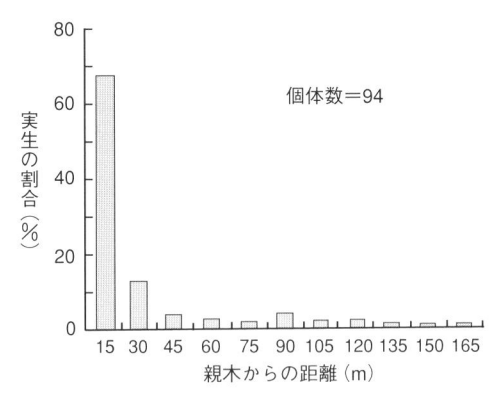

図7-5 マイクロサテライトマーカーを用いて解析した *Quercus macrocarpa* の実生と親木との距離の関係（Dow & Ashley 1996より）。

形成にはいくつかの長距離散布される種子が重要な役割を果たす。もしも，新しい個体群が限られた数の種子により形成される場合，侵入した個体の遺伝子組成がその集団のその後の遺伝的多様性に大きな影響を及ぼす。これを創始者効果（founder effect）と呼ぶ。これらの創始者たちは，もとの集団がもっていた対立遺伝子のすべてをもっているわけではない。いくつかの対立遺伝子が新しい集団から消失し，他の対立遺伝子の頻度が変動する可能性もある。したがって，もとの集団では頻度の低かった対立遺伝子が，新しい集団では高くなることもある。創始者効果は，ハワイ諸島やガラパゴス諸島のように大陸から大きく隔たった島の生物の進化に特に重要な効果をもたらした。このような島のほとんどの生物は1個体またはほんの一握りの個体から始まっている。

　Schwaegerle & Schaal（1979）は，食虫植物の *Sarracenia purpurea* において北米オハイオ州のある大きな集団の遺伝的多様性が低いことから，それが過去に意図的に持ち込まれた1個体に由来するものであることを明らかにした。また，やはりアイルランドに持ち込まれて小さな沼で生育するこの植物の遺伝的多様性は，本来の生育地である北米よりも低いことも明らかにされている（Taggert et al. 1990）。

　これまで種子の長距離散布の実態を把握するのはなかなか困難であっ

た。しかし，さまざまな遺伝的マーカーを活用することにより，その散布距離の実態が徐々に明らかになってきている。図7-5は，マイクロサテライトマーカーを用いて，ヨーロッパに生育するコナラ属の*Quercus macrocarpa*の実生94本について，その親木の同定を行った結果である。実生のなかには165m移動しているものも見られるが，その多くは15mの近距離に親木が存在している。しかし，実際に定着している実生は，貯食を逃れ，種子発芽，成長などのさまざまな生活史のふるいをくぐり抜けているため，種子散布の本当の姿を明らかにするためには，このような最新の遺伝解析と平行して基本的な生活史特性の理解も不可欠である。

7-3-3　近親交配

　被子植物の多くは両性個体で，現実には自家受粉し，自殖により繁殖している場合も少なくない。さらに，種子の移動が制限されていれば，同じ親から生まれた子ども同士間での交配も生じることになる。このような近親交配により，子どもの遺伝子頻度にハーディー・ワインバーグ平衡からのずれが生じ，結果としてホモ接合体の増加およびヘテロ接合体の減少が生じる。1対の対立遺伝子，Aとaについて見れば，

$$AA = p^2 + Fpq$$
$$Aa = 2pq - 2Fpq = 2pq(1 - F)$$
$$aa = q^2 + Fpq$$

という値になる。Fはライト（Wright）によって定義された近交係数（inbreeding coeffcient），すなわち，ある個体のもつ2個の相同遺伝子が共通の祖先遺伝子に由来する確率である。近親交配は，近交弱勢をもたらし，その結果，生活力の弱い子孫や繁殖能力のない子孫を生みだすことになる。そのため，多くの植物では他家受粉を促し，自家受粉を妨げるような多様な形態学的および生理学的メカニズムを進化させている。しかし，集団の大きさが小さくなったり，また交配相手がいなくなるというような場合には，近親交配を妨げるメカニズムが働かなくな

る。たとえば，ハチなどの昆虫に花粉媒介されている自家和合性の植物の場合，集団サイズがより小さくなることにより，花粉媒介者の訪花行動の変化が生じ，隣花受粉の頻度が高くなったり，花粉媒介者の減少により自殖がより生じやすい状況になることが予想される。これが，近年保全生物学で問題とされている小さな個体群が直面する「遺伝的変異の減少」である。

現在，保全生物学者や希少種や絶滅危惧種の保全に関連する研究者にとっての大きな問題は，小さく残った個体群の存続可能性（viability），つまり「個体群を維持するための最小個体群サイズ（MVP：minimum viable population）」である。小さな集団の存続可能性には「個体群統計学的変動（demographic stochasticity）」，「環境変動（environmental stochasticity）」，「遺伝的変異の減少（loss of genetic variation）」の三つが重要な要素と考えられている。遺伝的変異の減少は，近親交配や次に紹介する遺伝子流動などの遺伝的な問題であるが，個体群統計学的変動は，出生率と死亡率のランダムな変化による人口学的な変動である。また，環境変動は，捕食，競争，病気の発生，不測に生じる火事，洪水，干ばつなどの自然の災害が含まれる。Shaffer (1981) は，MVPはいかなる種，またいかなる生息地においても，これからの1,000年間，上記のいかなる変動が生じても99％の確率で生存が可能な最小の個体数と定義している。

現実の生物集団はもちろん有限であるが，ある程度以上の大きさがあれば近似的にハーディー・ワインバーグ平衡が成り立つ。しかし，集団が小さいときにはある世代の遺伝子プールから次の世代を構成する配偶子が抽出されるときの誤差が，次世代の遺伝子頻度に大きな影響を与えるのである。

7-3-4　遺伝的浮動と有効集団サイズ

小さな集団では，特定の対立遺伝子の頻度が偶然に変化することがある。このような対立遺伝子頻度の変動は任意に生じ，あたかも浮動しているかのように見えるため遺伝的浮動（genetic drift）と呼ばれる。小

さな集団では低い頻度でしか生じない対立遺伝子は，世代を経るに従って偶然により消失してしまう危険性が高い．さらに，いったん消失してしまった遺伝子は新しい突然変異による以外，再び集団中に現れることはないため，遺伝的浮動の効果は世代とともに蓄積され，集団の変異性は失われていく．それでは，遺伝的変異を維持するためには，一つの集団中にどれくらいの個体が必要なのであろうか？

Wright (1931) は，1世代当たりのヘテロ接合の減少率 (ΔF) と繁殖個体の数 (N_e) との関係を次の式で表した．

$$\Delta F = \frac{1}{2} N_e$$

通常，集団の大きさ (N) は，集団に含まれる実際の個体数であり，生態学的にはこれらが大切であるが，遺伝的浮動に影響を与えるのは繁殖個体の数 (N_e) である．この式によれば，繁殖個体の数が50 ($N_e = 50$) の場合には1世代当たり1% (1/100) のヘテロ個体が減少することになる (図7-6)．このように，遺伝的変異は不規則に生じる遺伝的浮動によって，時間経過に伴って失われる．したがって，N_e は遺伝的多様度

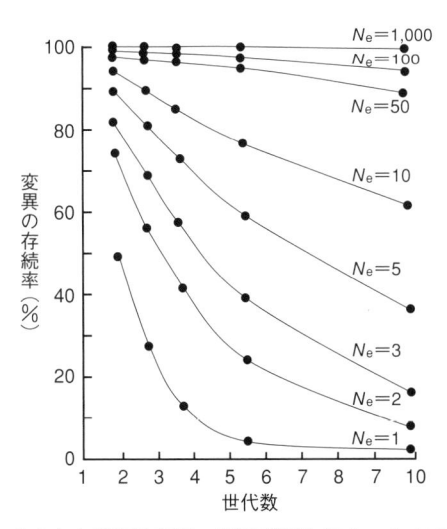

図7-6 個体群の大きさと遺伝的変異の存続可能性 (Primack 1995 より)．さまざまな大きさの個体群が10世代を経た時点の遺伝的変異の存続率を示す．

の大きさに寄与する集団中の個体の数で，集団の有効サイズ (effective size of population) と呼ばれる．これは遺伝的浮動の大きさを決める要因であり，特に隔離されている小さな集団などでは，保全生物学上も非常に重要な概念の一つである．N_e の値は植物個体の時間的変数や花の生産の分散のような生態学的なデータに基づいて推定できるほか，同じ集団における世代間の対立遺伝子頻度の変動を用いて推定することができる (Caballero 1994).

さらに，現実の生物集団の大きさは環境要因，あるいは集団内部のさまざまな要因によって世代ごとに変動する．ある期間の世代を通してみた平均の N_e は，集団が最も縮小した世代の N_e に左右され，そして集団の遺伝子頻度変化は N_e が最小の世代に依存するところが大きい．したがって，その後個体数がもとの水準に回復しても，ヘテロ接合度は低い水準のままであることが一般的である．このように，一時的な個体数の減少が永続的にヘテロ接合度の減少をもたらすことを「びん首効果 (bottle-neck effect)」という．これは，赤白の球を入れたびんから球を取り出すとき，びんの首から出てくる球の色の比が，取り出す球の数が少ないほどその比がばらつくことと同じことからのたとえである．

集団の有効な大きさが小さくなることによる遺伝子頻度の変化には，方向性がなく，また遺伝子の性質とも無関係に起こるので，自然選択によって減少するはずの有害な劣性遺伝子でも小さな集団では遺伝的浮動により，頻度の増大が起こりうる．上述したように，有効集団サイズ (N_e) は，集団を構成しているみかけの個体数 N よりも現実にははるかに小さいので，N が少なくなった場合には遺伝的浮動により影響が無視できなくなる．さらに，このような小集団では近親交配も進み，劣性有害遺伝子のホモ接合体の出現頻度も増大することから，集団の存続が危うくなると考えられる．

7-3-5　選　択

選択 (selection) とは，ダーウィンが指摘したように，個体によって残す子孫の数は異なり，子孫を残す割合は表現形質と行動によって支配さ

れるプロセスのことである。これまであげてきたハーディー・ワインバーグ平衡からのずれを生じさせる要因のなかで，選択だけは適応進化をもたらす変化を生みだす。人為選択 (artificial selection) では飼育者，栽培者が特定の特徴を残すように選択するが，自然選択 (natural selection) では，環境条件が集団中に最も多くの子孫を残す個体を選択する。

　自然選択が進化に結びつくためには，(1) 集団中の個体間に変異が存在する，(2) 個体の変異は次世代の個体数を変化させる，(3) 変異は遺伝する，の三つの条件が必要である。たとえば，(1) は，自然選択はある特定の形質をもった個体を選ぶため，その形質をもたない個体が淘汰される。変異が存在しなければ，そもそも淘汰が働く余地がない。(2) は，表現形質や行動により，ある個体は他の個体よりも繁殖に有利となる。いろいろな形質の多様性が存在しても，変異をもった個体が必ずしも生存や繁殖に有利であるとは限らない。(3) は，自然選択が進化に変化をもたらすためには，選択された形質が遺伝する形質でなければならない。自然界では時に遺伝的に同じ個体であっても，環境の違いによりその形態や繁殖が大きく異なっていることがある。集団中に形態的に異なるが遺伝的に同じ個体がいる場合，それらが産む子孫の数の違いは次世代の集団における遺伝構造を変えることにはならず，結局，進化をもたらすような変化は生じない。

Coffee Break　高校時代の仲間との出会い

　僕には，大切な高校時代の友人たちがたくさんいます。今は，みんなそれぞれの分野の仕事で一生懸命頑張っている人たちばかりです。ただ，その友人たちと高校卒業後ずっと交流があったわけではありません。逆に，高校時代はまったく知らなかったのに，今はとても仲良くしている友人もいます。

　高3のある日，教室でこんなエピソードがありました。当時は，医学，歯学系，そして工学系に進学する友人が多く，そのなかで，僕だけが植物をやりたい，できれば理学，農学系に行きたいと言っていました。担任の先生が「なんで大原は，花が好きで，どんな研究がしたくて理学・農学に行きたいんだ？」と強く問いただされたのです。前のCoffee Breakでも書いたように，僕は，花が好だったのは確かですが，自分自身でも具体的に何がしたいのかは，漠然としていて答えに窮していました。そのときに，クラスの友人の一人が「先生。いいじゃないですか，大原は花が好きで，植物のことが勉強できる大学に行きたいのだから」と言ってくれたのです。僕は，ホッとしたと同時に，逆に「僕は植物の何が好きなのだろう？」と不安にもなりました。その後，仲間たちはそれぞれの道へ，僕は，富山大学，アメリカと渡り歩き，彼らとはすっかり疎遠になっていってしまいました。

　そんなあるとき，高校の同窓会のとりまとめを担当する順番が僕たちの期に（どの期も46歳のときに）巡ってきました。そこで，多くの仲間たちと再び出会うことができたのです。そして，僕が今でもあのときの目標と同じ「植物の研究」をやっていることを彼らはすごく喜んでくれました。みんなも，会社や役所の重職を担っている人たちばかりです。僕もこの仲間たちを尊敬しています。

　ちなみに，彼らが僕を呼ぶときのあだ名は「きょうじゅ」です。大学では教授職であっても教授と呼ばれることなど全くなく，とても違和感があります。でも，本当に「あだ名」なのです。だから「教授！　今度の宴会の場所のセッティングお願いね」，「教授！　今度のソフトボール大会参加する？」という具合です。大学ではこんな風に呼ばれる「教授」はいませんよね。僕は，これからもこんな愉快な仲間たちを大切にして，彼らからずっと「きょうじゅ」と呼ばれ続けたいと思っています。

8章
繁殖様式と個体群の遺伝構造（解析方法編）

　前章まで紹介してきたように，固着性で自ら積極的に移動することができない植物集団の遺伝的構造は，花粉や種子の散布様式やクローンの空間的な広がりなど，さまざまな要因によって影響を受ける。その一方で，遺伝的な空間構造の存在（同一クローンや近親個体によるパッチ）は，隣家受粉や近交弱勢の影響を介して個体レベルでの繁殖成功度に影響を及ぼすことが考えられる。また，近年，植物の集団は，複数の局所集団の集まりであるメタ個体群として維持されているという見方がなされるようになり（Hanski 1991, Husband & Barrret 1996），局所集団の遺伝的構造と生態学的な時空間スケールにおける局所集団間の遺伝子流動を解析する必要が出てきている。

　そこで，ここでは「アイソザイム分析」，「マイクロサテライトマーカー」，「AFLP分析」という生態学の分野でも汎用性の高い遺伝的解析法を活用するための，フィールドにおける調査区設定や試料のサンプリングの注意点などを紹介しよう。それぞれの解析の実験手法ならび統計解析法は，種生物学会編『森の分子生態学』(2001)を読んでいただきたい。

8-1　アイソザイム分析

　電気泳動と活性染色によって酵素多型を検出する，アイソザイム分析は，異数倍数体形成，浸透性交雑などの雑種形成や，同所的・異所的種分化などの種分化研究において，非常に有効な遺伝的マーカーとし

て活用された。そのほか，アロザイム（同一遺伝子座上の異なる対立遺伝子によって発現される酵素）を活用して集団遺伝学的パラメーターを用いた自殖率や固定指数などの推定を通じて，各種の交配システムの進化に関するさまざまな研究が発展した（Richardson et al. 1986, 矢原 1988, Soltis & Soltis 1989, Hamrick & Godt 1990）。特に，アイソザイム分析は，各酵素の遺伝様式と推定遺伝子座数が明らかになっており，遺伝的な情報が少ない植物でも非常に有効な分析方法である。

8-1-1　集団遺伝学的サンプリング

いわゆる，種内の遺伝的多様性（genetic diversity）や遺伝子流動（gene flow）などの集団遺伝学的サンプリングは，主にランダムサンプリングが行われている。ランダムサンプリングは自分が対象とする植物から葉などを，集団内の開花個体やある一定サイズの個体から遺伝子型の分布に偏りが生じないように，サンプリングする方法である。このサンプリング方法は，さまざまな環境に生育したり，または，広い分布域をもつ植物種に関して，できるだけ多くの集団の遺伝的多様性を比較したりする場合に有効なサンプリング方法である。

たとえば，春植物などでは，葉が展開している期間も短いため，集団の遺伝的分化を調査する場合には，多くの集団から短期間でサンプリングする必要がある。次章で紹介するオオバナノエンレイソウは，北海道全域に分布するが，その集団の遺伝的変異を調査するために，各集団で約30～50個体の開花個体をランダムに選択し，葉のサンプリングを行った（Ohara et al. 1996）。

8-1-2　個体群統計遺伝学的サンプリング

森林総合研究所の北村系子さんのアメリカブナの一連の研究（Kitamura et al. 1998, 2000, 2001, 2003; Kitamura & Kawano 2001）が，まさにこのサンプリングである。これは，特に多年生植物に関して，その群落内に調査区を設定し，そのなかの実生から成熟個体までのすべての個体に関して，サンプリングを行うというものである。このような調査を

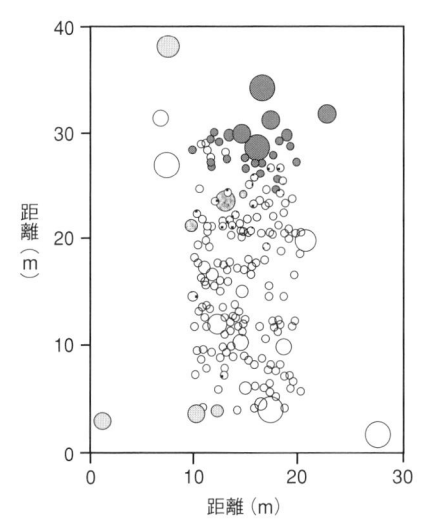

[図: 散布図]

図 8-1 北米グレート・スモーキー山脈におけるアメリカブナ *Fagus grandiflorum* 個体群の遺伝構造（Kitamura et al. 2001 より）。丸の大きさは幹の相対的な太さを示す。パターンはそれぞれの幹の遺伝子型を示す。

行うことにより，実際に集団内における種子の定着から成長過程における生存・死亡を含めた，時系列上での遺伝的変化を追跡することができるのである。

実際に植物の集団の成立には，その集団が成立している場所の微地形，光環境，土壌要因などのほか，その植物のもつ生活史特性（繁殖体散布範囲，埋土種子集団の有無，実生の生存率とその後の成長様式）など，さまざまな要因が関与している。そのため，最初の調査区の設置場所やサイズが，研究成果の勝敗を決するといっても過言ではない。研究対象としている種の生活史特性（齢構造，花粉および種子の散布様式など）を十分に考慮することが大切である。

8-2 父系解析（マイクロサテライトマーカー）

第4章で紹介したように，植物個体群の動態は，個体の出生，死亡，移入，移出のバランスによって決定される。しかし，調査集団への移入

率や移出率を野外調査から推定することはきわめて難しい。また，新規に出現した個体がどの親に由来するのか，その親は花粉親なのか種子親なのか，各親個体の繁殖成功度はどの程度なのか，などの疑問に答えるためには，遺伝マーカーによる父系解析を行う必要がある。

8-2-1　マーカーの選択

　父系解析は子どもと親候補の遺伝子型を相互に比較することによって行うため，遺伝的な情報量が多いほど推定された親の信頼性は高くなる。情報の量は，使用できる遺伝子座と各遺伝子座における対立遺伝子の数，マーカーが共優性なのか，あるいは優性なのか，に大きく依存している。ここで，共優性マーカーとはホモとヘテロを識別できるもの，優性マーカーとは両者を識別できないマーカーのことで，共優性マーカーのほうが父系解析には適している。

　個体群統計遺伝学的な研究で広く用いられているアロザイム，マイクロサテライト，AFLPといった遺伝マーカー（詳細については，種生物学会 (2001)）のうち，アロザイムは共優性マーカーだが父系解析に関して得られる情報量が少なく，AFLPは情報量は多いものの優性マーカーである。マイクロサテライトは対象種ごとにマーカーを開発しなければならないという欠点ももつが，共優性かつ超多型であることから父系解析に最もよく用いられている。

　しかし，野外の植物集団に対して，使用できる（開発済みの）マイクロサテライトマーカーが存在していることは稀である。研究を始める前に，対象種のマーカーが既に開発されているかどうか，されているとすればそれによって実際に親を特定できるかどうか，新しいマーカーを開発すべきなのか，といった点を考える必要がある。既にマーカーがある場合でも，事前に予備的なサンプリングを行い，最終的に得られるデータ（推定される親）の信頼性を予測しておくほうがよいだろう。データの信頼性は後に述べるプログラムによって検証することができる。

8-2-2　調査区の設置

　親候補から親を推定できる確率はマーカーの情報量によって変化するため，あまりに大きな調査区を設置すると無数の「親候補」が残ってしまう。逆に，小さな調査区ではほとんどの親が「調査区外」ということになりかねない。アイソザイム分析で述べたと同様に，目的とマーカーの情報量に応じて最適な調査地を選定し，調査区を設置することが重要である。

　図8-2は，亀山慶晃さん（現・東京農業大学）が広島大学での学位論文の研究で行ったホンシャクナゲの父系解析を行った調査区の事例である。三つのサブ個体群，計174個体の成木を含むように150m×70mの調査区を設置した。調査区の北側，東側には隣接して他のホンシャクナゲが生育しているが，マーカーの情報量を考え，やむなく調査対象からはずしている。父系解析に使用する実生は，各サブ個体群の林床に三つの方形区を設置し，そこから採取した。この研究では，排除分析（方法については下記参照）によって実生の両親を特定するために，12遺伝子座を用いている（Kameyama et al. 2001）。12のマイクロサテライトマーカーを開発することは容易ではないが，母樹の情報がある場合

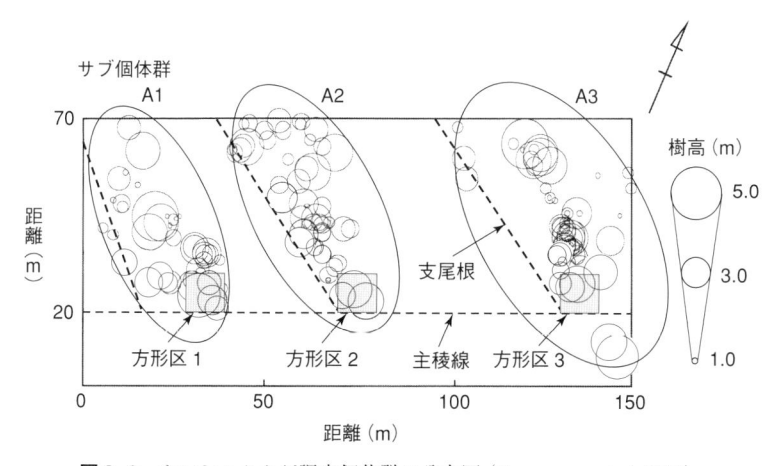

図8-2　ホンシャクナゲ調査個体群の分布図（Kameyama et al. 2000）。

や，親候補の数が少ない場合には，必要とされる遺伝子座の数は少なくなる。実際，採取した種子の花粉親を推定した際には，母樹が特定されていたこと，親候補となる開花木が18個体だけであったことから，6遺伝子座の解析で花粉親を特定している（Kameyama et al. 2000）。

8-2-3 解析方法

父系解析の方法はさまざまである。ここでは母親がAA，子どもがAB，父親候補が3個体あり，それぞれAA，BB，ABの遺伝子型をもっていると仮定して，父親の推定方法を紹介しよう。

最も簡単な排除分析（simple exclusion）と呼ばれる方法では，母親と子ども，父親候補の遺伝子型を比較し，「父親になりえない個体」を排除していく。今回の例では，父親候補AAが排除され，BBとABの2個体が候補として残る。この候補をさらに絞り込むためには，他の遺伝子座を調査する必要がある。この方法は考え方がシンプルでわかりやすい反面，親を特定するためには非常に多くの遺伝子座が必要となる。また，一つでも対立遺伝子の読み間違いがあると，本来の親が誤って除去される危険性が高い。

このような排除分析の欠点を克服するため，現在では「父親になりうる確率」を数学的に判断することが多い。今回の例の場合，子どもABが母親AAと父親候補AA，BB，ABの組み合わせから生まれる確率は，それぞれ0，1，0.5となる。したがって，最ももっともらしい父親（most-likely parent）を一つだけ選ぶとすると，父親候補BBが親となり，AA，ABは排除される。一方，父親候補ABも親になりうるという点を重要視して，この個体にBBの半分の確率を与える（fractional allocation）方法もある。いずれを採用するかは調査者の目的によって判断すればよいだろう。

なお，実際の解析では，父親をランダムに選択した場合に母親AAから子どもABが生まれる確率を分母とし，特定の父親を選んだ場合に子どもABが生まれる確率を分子として尤度比（likelihood ratio）を算出する。各遺伝子座の尤度比を積算し，自然対数を取ったものはLOD score と呼ばれ，このスコアに基づいて父親の推定や信頼度の算出が行われる。

分析方法の詳細については，Jones et al. (2003) によってレビューされているので参考にしていただきたい。LOD score に基づいて父親を推定するプログラムとしては CERVUS (Marshall et al. 1998)，両親を推定するプログラムとしては FAMOZ (Gerber et al. 2003) などがあり，自由にダウンロードすることができる。これらのプログラムは，予備調査によって研究計画を立てる場合にも有益である。

8-3　クローンの識別（AFLP 分析）

無性繁殖によって形成されたクローンを識別することは，集団の動態や繁殖様式を明らかにするうえで重要な意味をもっている。しかし，野外調査によってクローンを正確に識別することはきわめて困難であり，遺伝マーカーによる推定が不可欠である。この AFLP (amplified fragment length polymorhpism) 分析法は，やっかいな（興味深い）クローナル植物の研究において，強力な機能を果たしてしてくれる。Suyama et al. (2000) は，成長様式や個体（ジェネット）の広がりに関してまだ謎に包まれていたササ類の研究に AFLP 分析を用いた。彼らは 10 ha にわたって広がるクマイザサ (*Sasa senanensis*) 群落をくまなく調査し，地下茎の成長により複雑に入り組んだクマイザサのクローンの広がりを見事に明らかにした。

8-3-1　マーカーの選択

同一個体に由来するクローンはすべて同じ遺伝子型をもっている（ただし，体細胞突然変異がある場合にはこの限りではない）。したがって，個々の遺伝子型を比較し，同一であればクローンである「可能性」が高い。クローンの識別能力はマーカーの情報量が多いほど高くなる。また，共優性マーカーであれば，シミュレーションによってクローンの信頼度を算出することもできる（詳細は下記）。このことから，クローンの識別においても共優性かつ超多型のマイクロサテライトマーカーが最適

表8-1 タヌキモの抽出部位，DNA 量，プライマーの違いによる AFLP バンドの不一致の数（Kameyama et al. 2005, Kameyama & Ohara 2006 より）

抽出部位：蕾	プライマーペア	DNA量 (ng)			
		120	120	80	20
	MseI (CTg) − EcoRI (ACA)	0	0	0	0
	MseI (CTg) − EcoRI (Agg)	0	0	0	0
	MseI (CTg) − EcoRI (AAC)	0	0	0	0
抽出部位：殖芽	プライマーペア	DNA量 (ng)			
		10	10	5	1
	MseI (CTg) − EcoRI (ACA)	4	3	3	4
	MseI (CTg) − EcoRI (Agg)	2	0	0	2
	MseI (CTg) − EcoRI (AAC)	2	1	1	2
抽出部位：花茎	プライマーペア	DNA量 (ng)			
		20	20	10	2
	MseI (CTg) − EcoRI (ACA)	0	0	0	0
	MseI (CTg) − EcoRI (Agg)	0	0	0	0
	MseI (CTg) − EcoRI (AAC)	0	0	0	0
抽出部位：茎	プライマーペア	DNA量 (ng)			
		10	5	1	
	MseI (CTg) − EcoRI (ACA)	0	0	4	
	MseI (CTg) − EcoRI (Agg)	0	0	2	
	MseI (CTg) − EcoRI (AAC)	1	0	2	

と考えられるが，マイクロサテライトマーカーは対象種ごとに設計しなければならない一方，AFLP はどのような種にもある程度汎用でき，情報量も多い．しかし，実際に使用する際の注意点を述べておきたい．

8-3-2 DNA の抽出方法と抽出部位

　AFLP の安定性は DNA の質に大きく依存する．質の高い DNA を簡単に得る方法として，QIAGEN 社の DNeasy kit がよく用いられており，定評がある．しかし，タヌキモの AFLP 分析を行った際には，QIAGEN 社のキットで抽出したサンプルは著しく不安定で，同一個体であってもバンドパターンが大きく変化した．キットを使わない方法として CTAB

法（Murray & Thompson 1980）で抽出を行った結果，濃度や抽出部位が異なっていてもほとんどのサンプルでバンドパターンが一致し，大幅な改善が認められた。このような違いが生じる原因は不明だが，DNAの質に大きく依存するAFLP分析の場合，複数の抽出方法を試したほうが良い。

　大幅な改善が認められたCTAB法抽出においても，AFLPの安定性は，（1）DNAを抽出する部位，（2）用いるDNA量，（3）用いるプライマーの種類，によって変化する。Kameyama et al.（2005）とKameyama & Ohara（2006）が行ったタヌキモに関しては，常に安定したバンドパターンが得られたのは蕾や花茎からDNAを抽出した場合であった（表8-1）。逆に，最も不安定だったのは殖芽からDNAを抽出した場合で，著しいバンドの不一致が認められた。茎から抽出したDNAでは，DNA量が1 ngと非常に少ない場合には多くの不一致が存在したが，5 ng以上使用した場合には良好な結果が得られた。蕾や花茎はAFLPの安定性という面では最適だが，開花した個体しか解析できない。Kameyama & Ohara（2006）はDNA量とプライマーを最適化することにより，茎からDNAを抽出した場合でも常に安定したパターンを得ることに成功した。このような試行錯誤は，野生植物の遺伝解析を行う際には不可欠といえる。

8-3-3　クローンの識別方法

　遺伝子型が同一であったとしても，本当にそれがクローンといえるのかどうかは，検討すべき重要なポイントである。ホモとヘテロを識別できる共優性のマイクロサテライトやアロザイムなどの遺伝マーカーの場合，ランダム交配を仮定し，シミュレーションによってクローンの信頼性を判断することができる（たとえば，Stenberg et al. 2003）。しかし，優性マーカーのAFLPの場合，数学的にクローンの信頼性を評価することは難しい。AFLPによって得られる情報，すなわちバンドの数は非常に多いため，すべてが一致すればクローンに違いないと判断されているのが実情だろう。

Box 8-1　知っておきたい基礎遺伝学用語（その1）

遺伝子座 (locus)　　染色体上のDNAの1領域。遺伝子をコードするDNA，調節機能をもつDNAなどのほか，本章で紹介したマイクロサテライトマーカーで検出されるDNAを含む。

対立遺伝子 (allele)　　同じ遺伝子座を占める遺伝子に複数の種類がある場合の，個々の遺伝子をさす。対立遺伝子で優性遺伝子・劣性遺伝子の区別をつけることができる場合，優性の形質は大文字A，劣性の形質を小文字aなどで表す。優性遺伝子と劣性遺伝子がヘテロ接合 (Aa) している場合，優性遺伝子のホモ接合 (AA) の場合と同様に，優性遺伝子支配の形質が表現型となる。

遺伝子型 (genotype)　　一つの遺伝子座における対立遺伝子の組み合わせ（たとえば，AA, AB, BBなど）。同じ対立遺伝子をもつ場合 (AA, BB) は**ホモ接合体**，異なる対立遺伝子をもつ場合 (AB) は**ヘテロ接合体**と呼ぶ。また，二つ以上の遺伝子座を含む複合遺伝子AABBなどの場合もある。

共優性 (co-dominance)　　上記の優性遺伝子と劣性遺伝子のヘテロ接合とは異なり，すべての遺伝子型が表現型から区別できる状態。ABO式の血液型遺伝子の場合は，A型遺伝子はO型遺伝子に対して優性であり，遺伝子型がAOなら，血液型はA型である。しかし，遺伝子型がAB型のとき，血液型はAB型となり，A型遺伝子とB型遺伝子は共優性遺伝子ということになる。

CTAB (cetyl trimethyl ammonium bromide) 法　　全DNAを単離する方法のなかで，現在最も一般的に用いられている方法。植物には動物と異なって，細胞壁があるために動物細胞のように高分子DNAを単離しにくい。しかし，CTAB法はタンパク質および多糖類も効率よく除去できるので，多糖類の多い植物や菌類，細菌類からDNAを抽出するのによく使われている。

制限酵素 (restriction enzyme)　　二本鎖DNAの特定の配列（認識配列）を認識し，その部位（またはその部位から一定の距離が離れた部位）を切断する酵素の総称。

プライマー (primer)　　一方のDNA鎖とペアになる短いDNA断片。DNAポリメラーゼはプライマーをもとに伸長反応を行う。PCRにより目的のDNA断片を増幅できるか否かは，プライマーのデザインにかかっている。

PCR (polymerase chain reaction：ポリメラーゼ連鎖反応)　　プライマーではさまれた特定のDNA領域を耐熱性の*Taq*ポリメラーゼで増幅する方法。

9章
繁殖様式と個体群の遺伝構造の解析
（実践編）

　植物の種を「生きた実態」として認識する生活史研究は1960年代に芽吹き，多様な環境に生育するさまざまな種を対象として，個体群生態学，繁殖生態学，数理生態学などの側面から数多くの研究が展開されてきた。そして，近年の分子生物学の進展は，この生活史研究の分野においてもこれまで想像できなかったさまざまな解析を可能にしてくれた。しかし，「解析技術の進歩が，それ すなわち学問の進歩ではない」。分子マーカーを用いた解析結果は，その植物の生活史の全容ではなく，多様な生育環境のもとで世代を重ねて維持されている個体群構造や繁殖特性などの他の生活史に関する情報を統合して初めて有益な情報として生きてくるのである。前章までは，植物の生活史研究にかかわる基礎知識，そして繁殖様式と個体群構造（時間的，空間的，遺伝的）の解析方法などを紹介してきた。本章では，実践編として，これまで私の研究室で行ってきた，3種の植物に関する研究例をご紹介したい。

　ここで紹介する植物，オオバナノエンレイソウ，オオウバユリ，スズランと，いずれも北海道の落葉広葉樹林の林床に生育する植物群が中心である。しかし，これらの内容は日本に広く，一般的に生育する，多回繁殖型多年生植物（カタクリ，サクラソウ，ホタルブクロなど），一回繁殖型多年生植物（バイケイソウ，ヤブレガサ，ササ・タケの仲間など），クローナル植物（シロツメクサ，アマドコロ，ヒメニラ，フタバアオイ，スゲの仲間など）にも広く応用できる事例として参考にしていただきたい。

9-1 多回繁殖型多年生植物：
オオバナノエンレイソウを例に

　これまでにも本書のなかでたびたび登場したオオバナノエンレイソウは，日本においては東北地方（青森，秋田，岩手の3県）と北海道全域に分布する。1960年代，北海道大学の倉林博士を中心としたエンレイソウ属植物の研究チームは，当時の先駆的な技術であった染色体の退色模様の変異を利用し，東北・北海道のオオバナノエンレイソウに関して種内の遺伝的分化に関する詳細な研究を行った。その結果，染色体変異のうえからオオバナノエンレイソウが北海道北部，東部，さらに本州北部を含む南部の三つの地域群に分かれることが明らかにされた（Kurabayashi 1958）。つまり，オオバナノエンレイソウという種のなかでも，北部の集団は集団間・集団内の染色体組成の同質性が高く，変異に乏しいのに対し，東部の集団は多型を示し，集団間・集団内の変異に富む。また，南部の集団は北部と東部の中間的な遺伝的変異を示

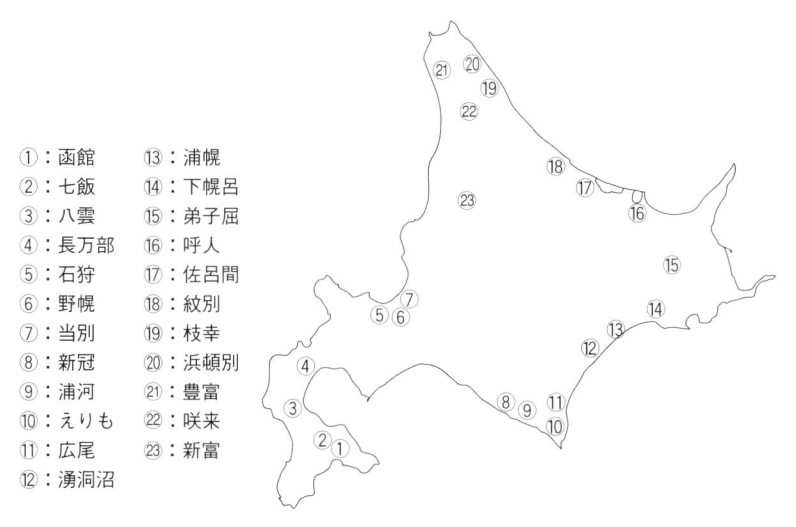

①：函館　　⑬：浦幌
②：七飯　　⑭：下幌呂
③：八雲　　⑮：弟子屈
④：長万部　⑯：呼人
⑤：石狩　　⑰：佐呂間
⑥：野幌　　⑱：紋別
⑦：当別　　⑲：枝幸
⑧：新冠　　⑳：浜頓別
⑨：浦河　　㉑：豊富
⑩：えりも　㉒：咲来
⑪：広尾　　㉓：新富
⑫：湧洞沼

図9-1　北海道におけるオオバナノエンレイソウの調査集団。

9-1 多回繁殖型多年生植物：オオバナノエンレイソウを例に

すというものである．では，なぜこのように遺伝的に異なる地域集団ができ上がり，また維持されてきたのであろうか．その謎を解くために，我々は，北海道内のさまざまな地域個体群を対象に，野外における生態調査と遺伝解析実験を行った．

まず，種子繁殖を担う交配様式を明らかにするために，北海道各地の集団 (20集団) で開花前の蕾に対してさまざまな処理を施してみた (図9-2)．その結果，開花前の蕾の段階で，6本の雄しべを取り去る除雄処理を行い，自花の花粉では受粉ができない状況を作った場合，いずれの

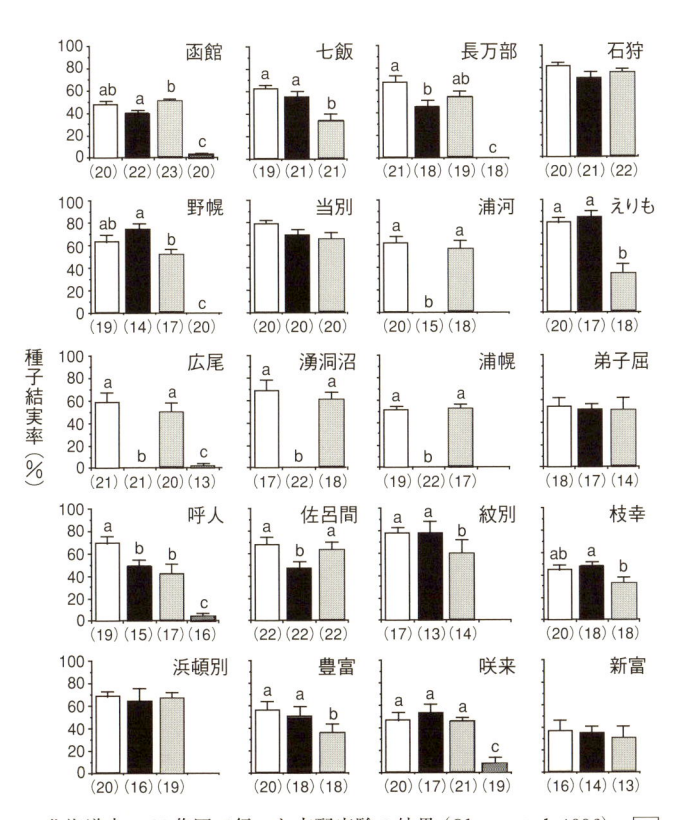

図9-2 北海道内の20集団で行った交配実験の結果 (Ohara et al. 1996)．□：コントロール，■：袋がけ，▨：除雄，▰：除雄とネットかけ (一部の集団で実施)．( ) 内の数字は処理個体数．異なるアルファベットは，統計的な有意差 ($P < 0.05$) があることを示す．

集団でも種子結実が認められ，どの集団でも他殖が可能であることが示された。さらに，この他殖における花粉の媒介様式を明らかにするために，除雄後の花にメッシュのネットをかけ，虫が訪花できないようにしたところ，すべての集団で種子ができなかった。したがって，オオバナノエンレイソウの花粉は昆虫たちによって運ばれており，訪花昆虫の観察からコウチュウ目やハエ目の昆虫のほか，時にはマルハナバチのような大型の社会性昆虫も花粉を媒介していることが明らかになった。一

表9-1 オオバナノエンレイソウ23集団の遺伝的変異（Ohara et al. 1996より）

集団	P	A_P	A	H_o	H_e	F
1	7.69	2.00	1.08	0.054	0.036	− 0.504
2	7.69	2.00	1.08	0.006	0.006	− 0.034
3	15.38	2.00	1.15	0.035	0.039	0.091
4	0	0.00	1.00	0	0	−
5	0	0.00	1.00	0	0	−
6	7.69	2.00	1.08	0.008	0.008	− 0.067
7	7.69	2.00	1.08	0.004	0.004	− 0.053
8	15.38	2.00	1.15	0.062	0.064	0.036
9	15.38	2.00	1.15	0.054	0.048	− 0.137
10	30.77	2.25	1.38	0.059	0.068	0.137
11	30.77	2.50	1.46	0.092	0.100	0.080
12	30.77	2.50	1.46	0.150	0.125	− 0.205
13	30.77	2.25	1.38	0.125	0.118	− 0.057
14	30.77	2.50	1.46	0.128	0.120	− 0.066
15	0	0	1.00	0	0	−
16	0	0	1.00	0	0	−
17	0	0	1.00	0	0	−
18	0	0	1.00	0	0	−
19	0	0	1.00	0	0	−
20	7.69	2.00	1.08	0.012	0.014	0.130
21	0	0	1.00	0	0	−
22	0	0	1.00	0	0	−
23	7.69	2.00	1.08	0.046	0.039	− 0.176
平均	10.70	1.30	1.13	0.036	0.034	− 0.060

P：多型遺伝子座の割合　　A_P：多型遺伝子座当たりの対立遺伝子数
A：遺伝子座当たりの対立遺伝子数　　H_o：観察されたヘテロ接合体頻度
H_e：期待されるヘテロ接合体頻度　　F：固定指数

方，開花前の蕾に袋をかけ，自花の花粉のみが雌しべの柱頭に付着するようにしたところ，道南，道央，道北地方の集団では，種子が結実し，自家和合性が存在することが確認された。しかし，日高・十勝地方の集団のなかには種子が全く作られないものが出てきた。人工的な自家受粉を行っても，種子の形成が認められなかったことから，この袋かけにより種子が形成されなかった集団は自家不和合性をもち，種子形成は他殖によって行われていることが明らかになった。

次に，交配実験を行った20集団を含む23集団からオオバナノエンレイソウの葉を採集し，アイソザイム分析に基づく各集団の遺伝的変異の解析を行った（表9-1）。その結果，日高・十勝地方の集団（集団8〜14）は高い遺伝的多様性を示したのに対し，北部・南部に位置する集団では遺伝的多様性が低いことが明らかになった。この結果は，染色体の退色模様に基づく結果と一致する。しかし，染色体観察の段階では，遺伝的多様性が低いことは自殖が優占していることに起因すると考えられていたが，この交配実験と遺伝解析を合わせて行ったことにより，北部・南部の集団では少なからず遺伝的変異が検出された集団は，ハーディー・ワインバーグ平衡からのずれが認められない（函館山集団を除く）ことから，これらの地域集団では自殖と他殖の両方が行われていることが明らかになった。それに対し，日高・十勝地方の集団では，自家不和合をもち，虫媒による完全他殖を行っているため，高い遺伝的多様性が維持されていることが明らかになった。

9-2　一回繁殖型多年生植物：オオウバユリを例に

次に，一回繁殖型の多年生植物オオウバユリの事例を紹介する。図9-3にオオウバユリの生育段階を示した。オオウバユリは種子繁殖と娘鱗茎の形成による栄養繁殖を行う。種子から発芽したあとは，1枚葉の状態で経年成長し，地下部（鱗茎）の肥大成長とともに2枚，3枚とロゼット葉の枚数を増やし，その後開花する。オオウバユリは自家和合性をもつが，花の奥には蜜腺があり，蜜を求めてマルハナバチをはじめとするさまざまな昆虫が訪花する。結実した蒴果のなかには風散布に適し

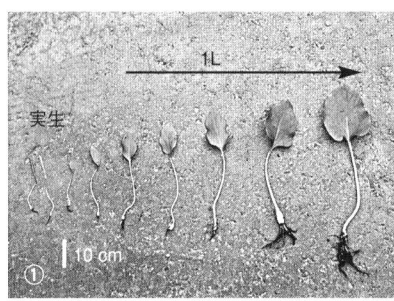

図 9-3 オオウバユリの生活史段階．実生から1葉（1L）段階（①），複数葉段階（②）．

た翼をもつ種子が大量に形成される．一方，親の鱗茎上に娘鱗茎が形成される栄養繁殖では，娘鱗茎の数は少ないものの大きな1枚葉や2枚葉をもつ個体が形成される（図5-2参照）．

　この種子繁殖と栄養繁殖が，一回繁殖型植物のオオウバユリの生活史のなかでどのように機能しているかを明らかにするために，以下の調査を行った．オオウバユリは北海道の低地性落葉広葉樹林林床に一般的に見られる植物であるが，調査集団として，札幌市近郊でより自然が残る野幌森林公園（以下，野幌）から千歳市内の防風林（以下，千歳）のほか，北海道大学構内（以下，北大）や北大付属植物園（以下，植物園）のように大都会の中心に孤立的に存在する集団など，背景の異なる四つの集団を選定した．それぞれの集団に 5 m × 5 m の調査区を設定し，調査区内のすべての個体をマーキングし，それらの生存，成長，枯死などを丹念に追跡調査するとともに，交配実験を行った．

　図9-4には，各集団で行った交配実験（除雄処理）の結果を示した．上述したように，オオウバユリは自家和合性をもつが，除雄処理による結実は明らかに昆虫の訪花により他個体から花粉が運ばれたことによるものである．野幌のように自然度が高く，訪花昆虫相も豊かと考えられる環境では除雄処理個体でもコントロールと同じ結実を示したが，それ以外の場所では除雄処理個体はコントロールと比較して結実が低下していた．ちなみに，野幌以外の3集団でもコントロールの値が変わらないのは，自動自家受粉によって柱頭に自家花粉が付着したためと考え

9-2 一回繁殖型多年生植物：オオウバユリを例に

られる。

　次に，図9-5は，開花前年の個体サイズのデータである。このデータも5m×5mの調査区を設定し，調査区内のすべての個体をマーキングし，追跡調査をすることにより得られたデータである。このデータより，4枚葉以上になると翌年は開花することがわかる。また，ここで注目してほしいのは，野幌と千歳では比較的少ない葉数から次年に開花し，7枚葉以上になると翌年にはすべてが開花している。それに対し，北大と植物園では4，5枚葉からの開花は少なく，また8枚葉以上の段階になって初めてすべての個体が開花する。つまり，同じ一回開花なのだが，北大と植物園の集団はより葉数が多くなってから（個体サイズが大

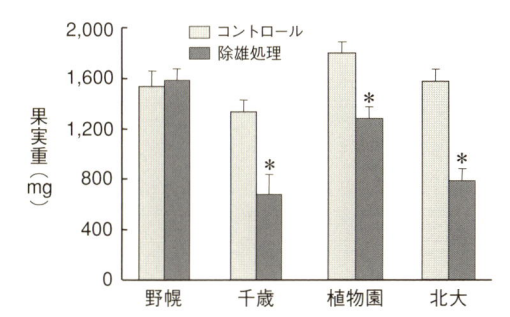

図 9-4 オオウバユリ4集団で行った交配実験の結果。＊はコントロールの値と統計的な有意差（$P < 0.001$）があることを示す。

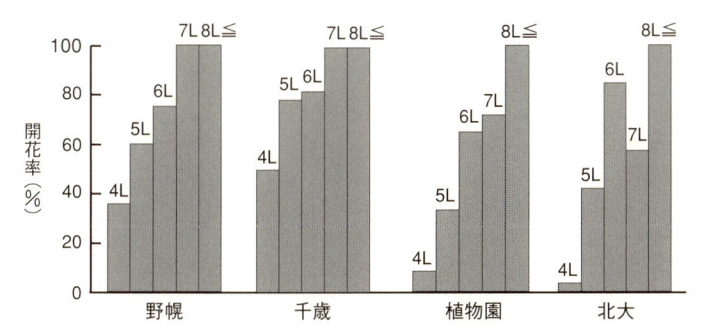

図 9-5 オオウバユリ4集団における生育段階と開花率の比較。当年開花した個体の前年度の生育段階より算出。

きくなってから) 開花することがわかった。図9-6は，各集団における栄養繁殖体の形成率である。オオウバユリは種子繁殖と栄養繁殖の両方を行うが，必ずしもすべての開花個体が娘鱗茎を形成するわけではない。野幌に比べて，北大と植物園の個体の多くが開花時に娘鱗茎を形成していることがわかる。

図9-7は，野幌と北大の5m×5mの調査区内における開花個体に関して行ったアイソザイム分析の多座遺伝子型 (multi-locus genotype) によって区別された遺伝子型の3年間の変化である。オオウバユリは一回繁殖型なので開花個体はすべて前年度とは異なる個体である。一見し

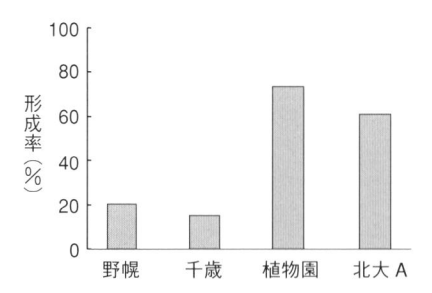

図9-6 オオウバユリ4集団における栄養繁殖体 (娘鱗茎) の形成率。

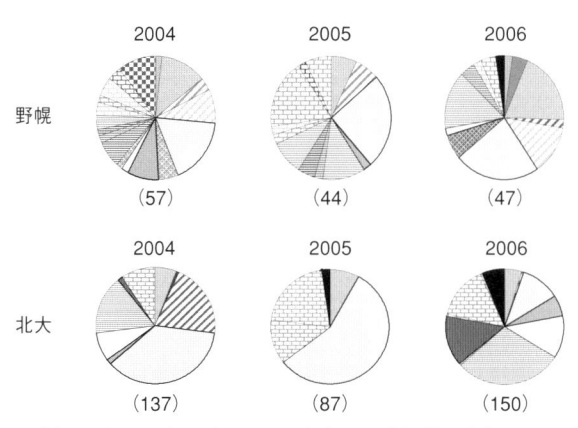

図9-7 野幌と北大の調査区 (5m×5m) 内の開花個体の遺伝子型の変化 (2004〜2006年)。( ) 内は開花個体数を示す。3年間で観察された遺伝子型数は，野幌は26，北大は13であった。

てわかるのは，野幌では北大よりも開花個体数がはるかに少ないにもかかわらず，多様な遺伝子型が見られ，また年ごとの変化も顕著である。それに対して，北大は観察された遺伝子型の数も少なく，かつ3年間で同じ遺伝子型のものが多く見られる。

これらの結果から，自然環境のより豊かな野幌に比べ，都心に位置する北大では個体群の孤立化が進むことにより，昆虫の訪花が減少し，自殖，さらには栄養繁殖への依存がより高くなっていると考えられる。そのために，遺伝的多様性の低下が生じ，同じ遺伝子型のものが開花個体として比較的連続して登場してきているものと推測される。

9-3 クローナル植物：スズランを例に

第3章の生活史の基礎知識編でも述べたが，植物におけるクローン成長は個体の認識を難しくするとともに，集団の遺伝構造に大きな影響を及ぼす。スズランは世界に3種が知られているが，その1種 *Convallaria keiskei* は日本に自生し，種子繁殖とクローン成長を行う（図5-2参照）。まず，北海道十勝地方のスズランの大きな群落に100 m×90 mの調査区を設定した。そしてその中を5 m×5 mのメッシュに区切り，各メッシュの交点からスズランの葉を採集し，アイソザイム分析に基づく共通した遺伝子型（多座遺伝子型）をもつラメットの分布を把握した（図9-8）。アイソザイム分析では，同じ多座遺伝子型を示すラメットを同一ジェネットとは断定することはできないが，この調査区内では89の多座遺伝子型が認識された。また，さまざまな遺伝子型がモザイク状に存在するとともに，その中には20～30 mと，大きく広がる遺伝子型も存在することがわかった（Araki et al. 2007）。

このことを背景として，オオバナノエンレイソウの場合と同様に，種子繁殖にかかわる繁殖特性を把握するための交配実験を行った。ただし，1本の花茎に一つの花をつける場合が多いオオバナノエンレイソウとは異なり，スズランでは一つの花茎に複数の花をもつ花序を形成するため，交配実験の組み合わせも自ずと複雑になる（図9-9）。図6-6（p.104）のバイケイソウの交配実験も参照してもらいたい。行った交配

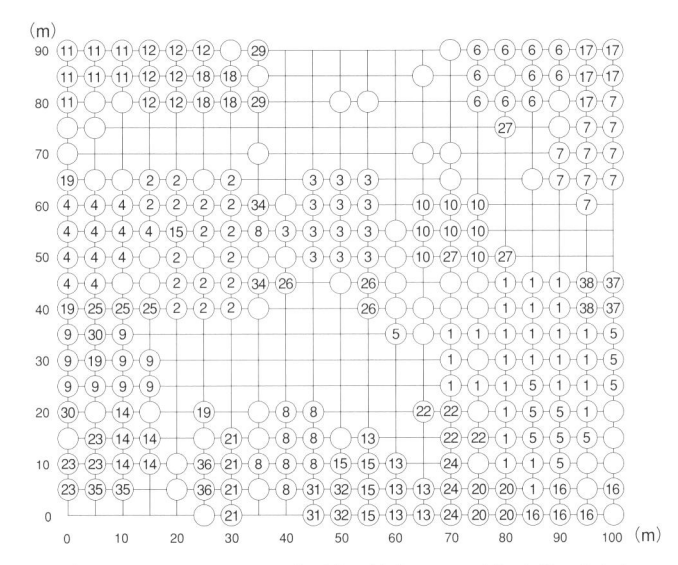

図9-8 スズランの90m×100m調査区内で検出された遺伝子型の分布（Araki et al. 2007）。番号はそれぞれの遺伝子型を示し，白抜きは，固有の遺伝子型を示す。

処理は，(1) 花序全体に袋をかける袋かけ，(2) 一つの花の中での受粉（自家受粉），(3) 同じ花序の中の花間での受粉（隣花受粉1），(4) 同一ジェネットと考えられる異なるラメットの間での受粉（隣花受粉2），(5) 異なるジェネットの花序の中からの花粉による強制受粉，(6) 花序内の花のすべての雄しべを除去する除雄処理，である。

　(4) と (5) の処理は，上述したように遺伝子型を特定したことにより，花粉親を区別してできた処理である。その結果，袋かけ，自家受粉，隣家受粉のいずれの処理においてもほとんど結実が見られなかった。それに対し，遺伝子型の異なるジェネット間の強制受粉と除雄処理では結実が認められた。このことは，スズランは自家不和合性をもつとともに，同じジェネット内のラメット間の花粉の授受では結実しないこと，そして，結実は異なるジェネット間での他家受粉によりもたらされることが明らかになった。スズランの花は開花時にはとてもよい香りを出すとともに，花の基部に蜜腺をもち，カミキリモドキ，ケシキスイ，ハナアブの仲間の昆虫の訪花が観察された（Araki et al. 2005）。

9-3 クローナル植物：スズランを例に

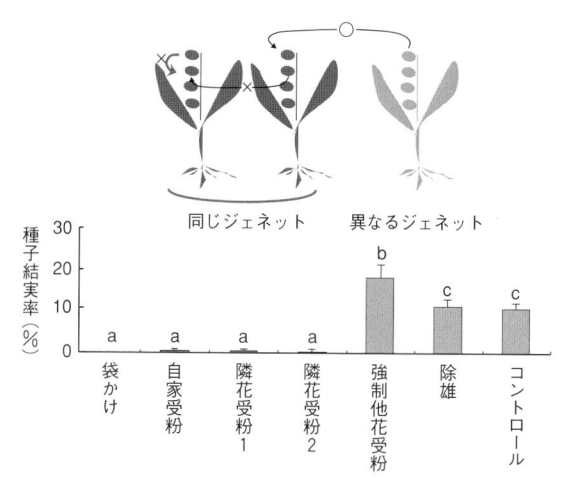

図9-9 スズランにおける交配実験の結果（Araki et al. 2005 より）。異なるアルファベットはコントロールの結実率との統計的な有意差（$P < 0.05$）があることを示す。

　ここで，もう一度，クローンの広がりに話を戻そう。昆虫は，直接自分たちあるいは自分たちの子どもへの食料を得るために訪花する。昆虫たちからすると，その餌がスズランのどのジェネットであろうが，それは問題ではなく，より効率的に餌を集めることがより重要なはずである。そうすると，一つのジェネットがクローン成長によって，大きくなりすぎると訪花昆虫は同一ジェネット内に滞在する確率が高くなる。そうなると，結局，花粉は同じジェネット内を移動するだけで，種子結実には結びつかないことになってしまう。したがって，スズランとしては，クローン成長によりジェネットを空間的に広げるとともに，別のジェネットと近接することにより，訪花昆虫が異なるジェネット間で移動することを通じて，種子結実が維持されることになる。

　次に，各地上茎の遺伝子型をより詳細に把握するために，100 m × 90 m の調査区の中に 2 m × 28 m の調査区を設定した。そして，その中に出現するすべてのラメット（地上茎）の遺伝子型を正確に識別するために，より精度の高いマイクロサテライトマーカーを用いて分析を行った（図9-10）。その結果，実生を含め33の遺伝子型が特定され，大きなスケールで確認されたジェネットのまとまりは，ラメットレベルでもあ

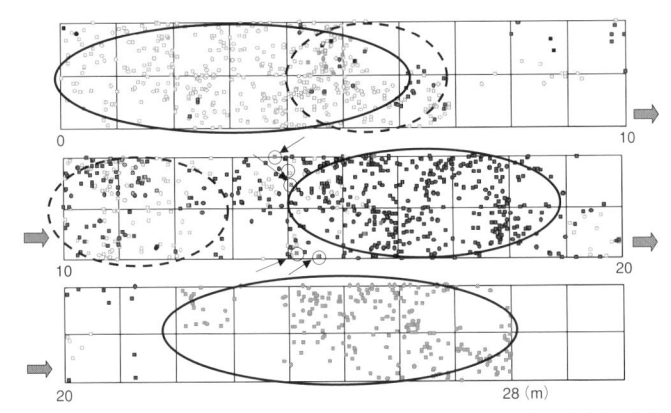

図9-10 スズランの2m×28m調査区内の全ラメットの遺伝子型。実線で囲んだ部分はクローン成長により同一ジェネットが広がっているが，ジェネットが接する場所にはそれぞれのジェネット由来のラメットが混生している（破線で囲んだ部分）。また，集団レベルの解析では特定されなかった遺伝子型も見られた（矢印で示したラメット）。

る程度まとまったパッチ状に分布していることが確認された。さらに，ジェネットが接している部分では，異なるジェネットのラメットが混在していることも明らかになった。また，大きなスケールでは特定されなかった新たな遺伝子型もいくつか検出された。

さらに，各ラメットに丁寧にマーキングを施し，ラメットの動態とクローンの広がりを明らかにした（図9-11）。この結果，前年に開花したラメットは翌年には花序を形成せず，同じジェネット内で毎年異なるラメットが花序を形成することがわかった。また，クローン成長による新しいラメットの供給のほか，固有の遺伝子型を示す実生が確認され，種子による（他殖による）繁殖も持続的に行われていることが示された（図9-12）。

以上のことから，種子繁殖とクローン成長を行うスズランは，ラメットレベルでは，クローン成長により同一ジェネットがまとまって分布する。その一方で，集団は遺伝的に多様なジェネットで構成されており，ジェネットが接する部分では，ラメットが混生するとともに，種子繁殖による新たな実生の出現も見られた。したがって，まず種子によりもたらされたジェネットは，クローン成長により新たなラメットを更新する

9-3 クローナル植物：スズランを例に　　147

ことでそのジェネットの定着を強化する。このようなクローンの水平方向の広がりは，同じように定着した他のジェネットと接する可能性を高め，ジェネット内での隣家受粉の確率を軽減する。そして，同じジェネット内でも同じラメットが毎年花序を形成しないことは，毎年ジェネット内の異なる場所で果実（種子）が形成されることになる，という巧みな戦略をもっているのである（Araki & Ohara 2007, Araki et al. 2009）。

○：ラメット
●：開花ラメット
◉：クローン成長による新規ラメット

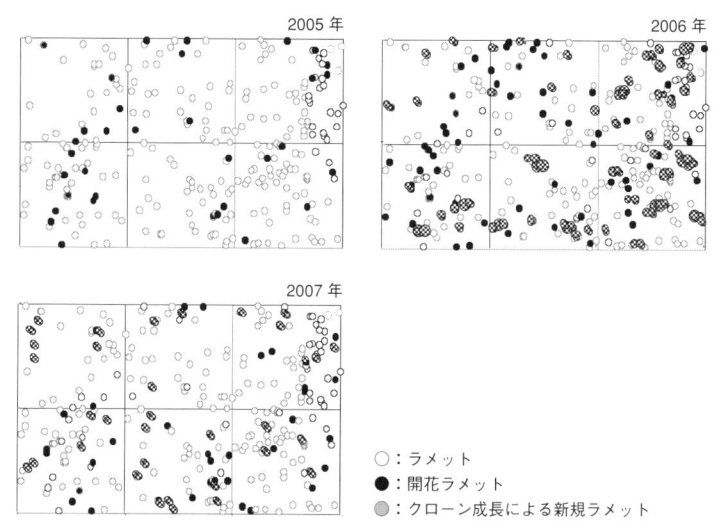

図 9-11　スズランの 2 m × 3 m 調査区（plot-A）内のラメット動態（2005 〜 2007 年の追跡調査結果）。

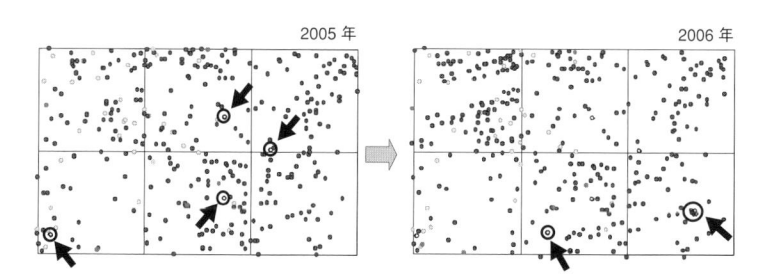

図 9-12　スズランの 2 m × 3 m 調査区（plot-B）のラメット動態（2005 年と 2006 年の追跡調査）。○で囲んだのが，個体サイズが 10 cm 以下で，固有の遺伝子型を示したラメット（＝種子由来の実生）。

Box 9-1　知っておきたい基礎遺伝学用語（その2）

多型遺伝子座の割合（P: percentage of loci polymorphic）　集団内の遺伝的多様性を示す指標の一つ。たとえば12の遺伝子座を調査したうち，5遺伝子座が多型（変異があり），7遺伝子座が単型（変異がない）の場合，$P = (5/12) \times 100 = 41.67\%$ となる。

遺伝子座当たりの対立遺伝子数（A: allelic diversity）　多型遺伝子座の割合と同じく，集団内の遺伝的多様性を示す指標の一つ。遺伝子座当たりの対立遺伝子数の平均値。たとえば，6遺伝子座で観察された対立遺伝子数が，それぞれ，2, 1, 3, 1, 2, 2だった場合，$A = (2 + 1 + 3 + 1 + 2 + 2)/6 = 1.83$ となる。さらに，多型遺伝子座当たりの対立遺伝子数（A_p）は多型遺伝子座のみの平均値である。したがって，この場合4遺伝子座が多型であることから，$A_p = (2 + 3 + 2 + 2)/4 = 2.25$ となる。

ヘテロ接合度の期待値（H_e: expected heterozygosity）　ある対立遺伝子頻度をもち，任意交配でハーディー・ワインバーグ平衡に従って期待されるヘテロ接合度。たとえば，二つの対立遺伝子（A（頻度 $p = 0.7$）と B（頻度 $q = 0.3$））をもつ遺伝子座では $2pq = (2 \times 0.7 \times 0.3) = 0.42$ である。ヘテロ接合度の観察値の比較対照となる。

ヘテロ接合度の観察値（H_o: observed heterozygosity）　ある集団で実際に測定されたヘテロ接合度の実測値。通常，複数の遺伝子座の平均値が用いられるが，たとえば，ある対立遺伝子座にAとBの2つの対立遺伝子があり，100個体調査したなかで，AAが50個体，ABが30個体，BBが20個体であった場合，ヘテロ接合度の観察値は，$30/100 = 0.30$（30％）となる。

F 統計量（F statistics）　ライト（Wright 1969）は，調査した全集団（T: total population）における個体（I: individual）の近交係数（inbreeding coefficient）F_{IT} を，集団の全近交係数に占める，個体が属する分集団（S: sub-population）に関する個体の近交係数 F_{IS} と，集団に対する，分集団間の分化に起因する近交係数 F_{ST} の二つに分けた。これらの統計量には以下の式のような関係がある。

$$F_{ST} = (F_{IT} - F_{IS})/(1 - F_{IS})$$

集団に地理的構造がない場合，固定指数 F は F 統計量の F_{IS} と等しく，遺伝マーカーに基づき得られた，ヘテロ接合度の観察値（H_o）と期待値（H_e）から次式のように計算することが可能である（Nei 1987）。

$$F_{IS} = (H_e - H_o)/H_e$$

Coffee Break　広尾町との出会い

　その「出会い」は突然やってきました。1988年の5月，僕はこの章で紹介したオオバナノエンレイソウの集団の地域変異を明らかにするために，北海道内のオオバナノエンレイソウの群落を捜す旅をしていました。札幌を出発して2日目。えりも岬を経由し，昼食のお弁当を海辺で食べようと，車のハンドルを右にきったときのことでした。そこには，穏やかな海風とともに白く大きな花たちが「輪舞」していたのです。この広尾町シーサイドパークのオオバナノエンレイソウの大群落との出会いが，今日までの広尾町との長いお付き合いの始まりになるとは，そのときは想像もしていませんでした。

　しかし，広尾町とのお付き合いは，このときからすぐに始まったのではありません。オオバナノエンレイソウの大群落に出会ってから数年間は町のどなたともお会いすることなく，シーサイドで調査を続けていました。しかし，甘いもの好きの僕は，調査の疲労でその誘惑に負け，町内の一軒のお菓子屋さんに立ち寄りました。泥まみれの僕たちを見た店主に「何やってるの？」と聞かれ，「シーサイドでオオバナノエンレイソウの調査です」と答えました。「オオバナノエンレイソウ？」。花の写真を見せると「何だ，アメフリボタンじゃない」。「シーサイドのアメフリボタンがそんなに大事なら新聞で取り上げてもらったら」と薦められたのですが，マスコミ不信（当時？）の僕は頑(かたく)なにそれを拒みました。

　その後，町内の大型店店主の方と出会うことになります。その方は，我々が夜間にオオバナノエンレイソウの花に訪れる昆虫の観察を行っていると，菓子店主から聞き，興味をもたれ，懐中電灯の灯りとともに登場されました。夜のシーサイドを徘徊する我々はさぞかし不気味だったことでしょう。そして徐々に出会いの輪が広がり，ある意味自然の流れで，我々の存在が新聞社支局長の耳へ。とうとう道新に報道されることになりました。

　「日本最大の群落！」。1995年の春のことです。想像を上回る大々的な報道に，「もう調査ができなくなるのでは」と心配しました。しかし，僕のそのような危惧も，町役場・教育委員会の方々との出会いが吹き飛ばしてくれました。町は調査を制限するどころか，我々の研究のサポートを申し出て下さったのです。宿泊施設や研究施設の提供，シーサイドパークの自然環境の保全のための看板の設置，種子の完熟まで草刈りの時期をずらすなど，これまでご協力いただいたことは，枚挙にいとまがありません。

　とりわけ，広尾町の皆様に感謝したいのは，学生たちだけで調査にお伺いし

〔Coffee Break　続き〕

ているときでも，役場の方々や町の皆さんが，温かく学生たちに声をかけて下さったり，また差し入れをいただいていることです。このようなすばらしい町の方々に出会えることは，彼らにとって研究以上に人生の宝物になると思います。

　ここ数年，お世話になっている町民の方々に何か恩返しができないかと思いをめぐらせ，考えついたのが広尾町の未来を担う子どもたちへの環境教育でした。しかもシーサイドパークを自然の教室として行うのです。広尾町には海から山まで多様な自然が身近にあります。その身近な自然の一つとしてオオバナノエンレイソウの生き方を知ってもらい，その生き方を維持するためには，周りに多くの仲間の個体や花粉を運ぶ昆虫たちの存在が必要であること，さらにその巧みな植物と昆虫の関係を育む林の存在が大切であることを理解してもらう環境教育プログラムです。ただ，環境教育は僕個人の力で出来ることではありませんし，長い時間をかけて続けていかなくてはいけないものです。このアイデアを教育委員会に相談したところ，快く受け入れて下さいました。そして，教育委員会と小中学校の先生のご協力をいただき，環境教育教材パンフレット『オオバナノエンレイソウが教えてくれる自然の大切さ』を作成し，さらにオオバナノエンレイソウの花が咲くなか，シーサイドパークでの自然観察会を開催することができました。

　環境教育はまだ歩み始めたばかりですが，これからも広尾町とともに，少しでも前進できたらと願っています。

広尾町からご提供いただいたシーサイドパーク内にある研究室。

10章
保全生態学における生活史研究の重要性

　保全生態学はある意味で個体群の衰退に関する生物学である。現在，個体群生態学の分野でも種の多様性や個体群を維持するための研究が数多く展開されている。この章では，個体群サイズの減少を引き起こす要因とその問題点を整理する。そして，これまで紹介してきた生活史研究が個体群，さらには種の保全にどのように寄与するかを，林床性多年生草本オオバナノエンレイソウを事例に紹介したい。

10-1　個体群の衰退と絶滅の要因

　Caughly (1994) は，現在の保全生態学の焦点を「小さな個体群の理論的背景 (small-population paradigm)」と「衰退している個体群の理論的枠組み (declining population paradigm)」の二つに整理した。第7章の中で，小さな集団の存続可能性には「個体群統計学的変動 (demographic stochasticity)」，「環境変動 (environmental stochasticity)」，「遺伝的変異の減少 (loss of genetic variation)」の三つが重要な要素であると述べた。Gilpin & Soule (1986) は，この三つの要素が負の相乗効果を生みだし，ひいては小さな個体群を絶滅に導くシナリオを「絶滅の渦 (extinction vortex)」として紹介した（図10-1）。小さな個体群は，個体群統計学的変動である出生率と死亡率のランダムな変化による人口学的な変動の影響を受けやすい。また，少数個体からなる小さな個体群は，近親交配や遺伝子流動などにより遺伝的変異が減少する。小さい個体群は小さいがゆえに，捕食，競争，病気の発生，不測に生じる火

事，洪水，干ばつなどの環境変動の影響を受けやすいのである。

　この絶滅の渦で説明される一つが，北米のプレーリーに生息するプレーリーチキン (*Tympanuchus cupido*) の事例である (図10-2, 10-3)。この鳥はアメリカ・イリノイ州において1970〜1997年にかけて，生息数，産卵数，遺伝的多様性のいずれもが減少した。しかし，近隣のカン

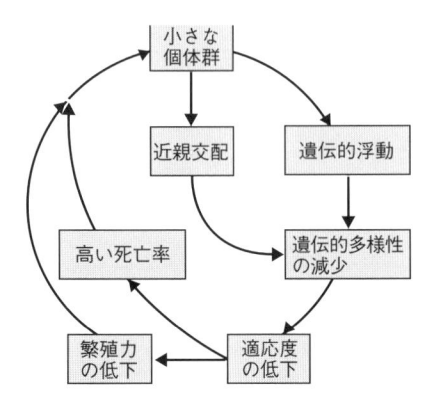

図10-1　小さな個体群がたどる絶滅の渦 (Krebs 2001 より)。

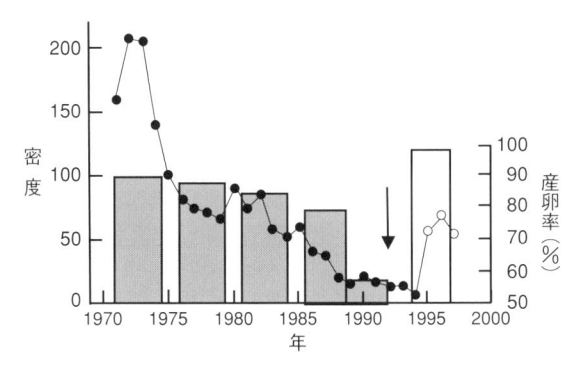

図10-2　アメリカ・イリノイ州でのプレーリーチキン (*Tympanuchus cupido*) 個体群の推移 (折線グラフ) と，産卵した個体の割合 (棒グラフ) (Westemeier et al. 1998 より)。イリノイ州の個体群は個体群サイズが小さくなり，近親交配により産卵率が減少した。しかし，1992年に近隣のミネソタ州，カンサス州，ネブラスカ州より個体が移入された (矢印) 後に遺伝的多様性が増大し，産卵率と個体群が回復している。

サス州，ミネソタ州，ネブラスカ州では個体群が維持されていたため，1992年に行われた移入により，個体群が回復したのである。

一方，現在，衰退（減少）している個体群が絶滅する要因としては，乱獲，生息地の破壊と分断化，外来種（移入種）などが考えられる。図10-4は，アフリカ象の個体群の減少を示したものである。1950年以降，象牙を得るためにアフリカ象の乱獲が始まった。そして，1980年を境に象牙の収穫（アフリカ象の捕獲）は急減したにもかかわらず，アフリカ象の個体群はいまだに衰退の一歩をたどっているのである。

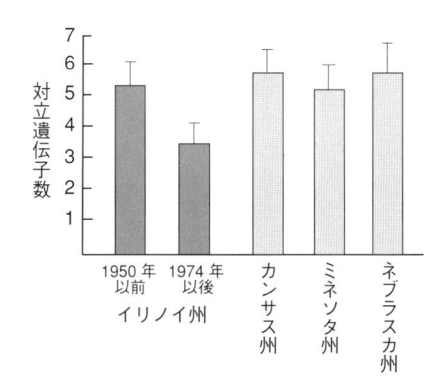

図 10-3 イリノイ州（1950年以前と1974年以後），カンサス州，ミネソタ州，ネブラスカ州のプレーリーチキンの対立遺伝子数（Bouzat et al. 1998 より）。

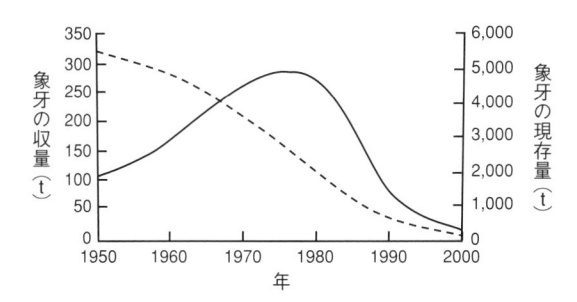

図 10-4 象牙の収量の変化（実線）と生存するゾウの数より推定した象牙の現存量（破線）（Caughtley et al. 1990 より）。保護事業により象牙の収穫は減少しているにもかかわらず，ゾウの数は減っている。

また，図10-5は，アメリカ・ウィスコンシン州のカデツ（Cadiz）という町における1831年以降の入植に伴う森林の細分化の様子である。ほぼ全体に覆っていた森林は開発に伴い減少し，1950年にはもとの面積の1％以下の孤立した林ばかりになってしまった。このように，生物の生息場所の一部が消失し，断片化することを「生息場所の分断化（habitat fragmentation）」と呼ぶ。生息場所の分断化は，生息地を小さくするだけでなく，残った個体群を孤立化させ，個体群間での交流を絶えさせてしまう。また，生息場所が細分化され，小さくなるにつれて，生育地の周辺部における微環境（気温，風，湿度など）にも変化が生じ，さらに生育適地が減少する。これを周辺効果（edge effect）と呼ぶ。

生育地の破壊と分断化がもたらす個体群の衰退に関しては，10-2節以降で見ていくことにしよう。

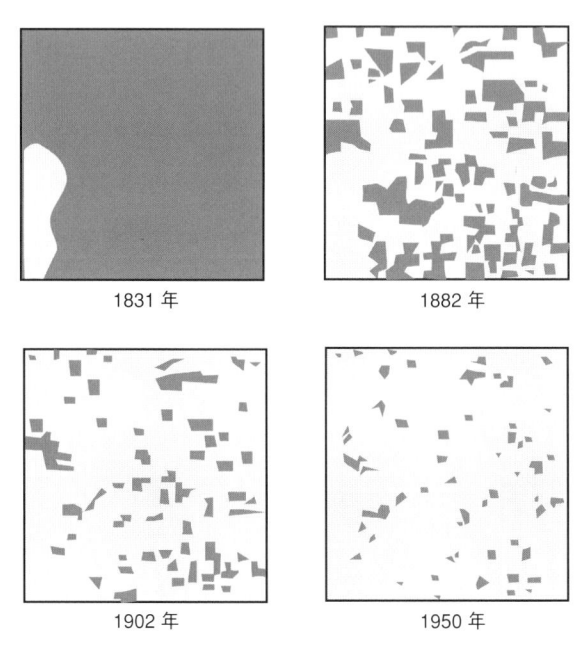

図10-5 アメリカ・ウィスコンシン州カデツ（Cadiz）における，開発による森林の減少と孤立化（Curtis 1959より）。

Box 10-1 大規模絶滅の歴史と要因

　第1章では，生物の多様性の創出について紹介した。しかし，地球の生命史のうえでは，生命の誕生とともに種の絶滅も起きていた。その絶滅のなかでも興味深いのが大規模絶滅である。図10-6(a)，(b)には，それぞれ海洋動物と維管束植物の消長が描かれている。これらの図を見ると，海洋動物では少なくとも5回，維管束植物では9回，多様性が急激に減少するギャップが生じている（表1-2を改めて見ていただくと，年表のなかに大規模絶滅の歴史があることがわかる）。

　現在，私たちが「絶滅」として保全の議論をしている場合は，個々の種の生存率が低下することにより，個体群が衰退したり，絶滅することである。しかし，これらの図に見られる急激な減少は，個々の種レベルではなく，高次分類

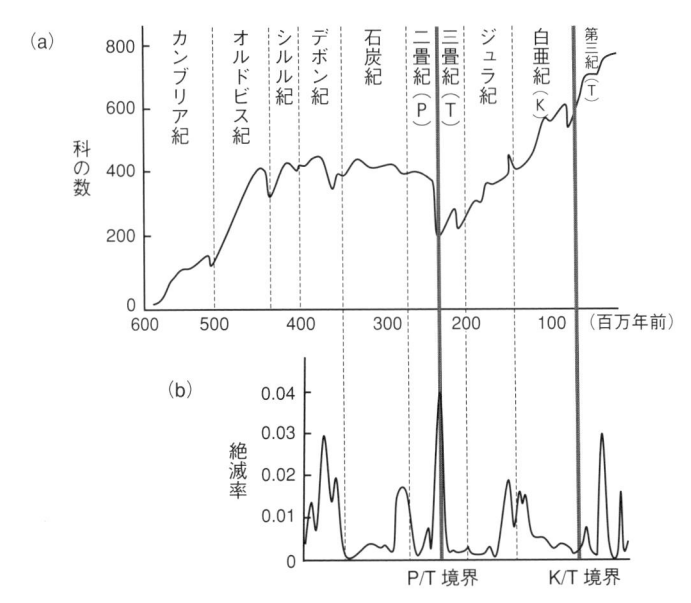

図10-6　（a）海洋動物の科の数の推移（Raup & Sepkoski 1984より）と，（b）維管束植物の絶滅率の推移（Niklas 1997より）。二畳紀（P: Permian period）と三畳紀（T: Triassic period）の境界（P/T境界）で，動物群・植物群に共通して大規模な絶滅が生じている。

(Box 10-1　続き)

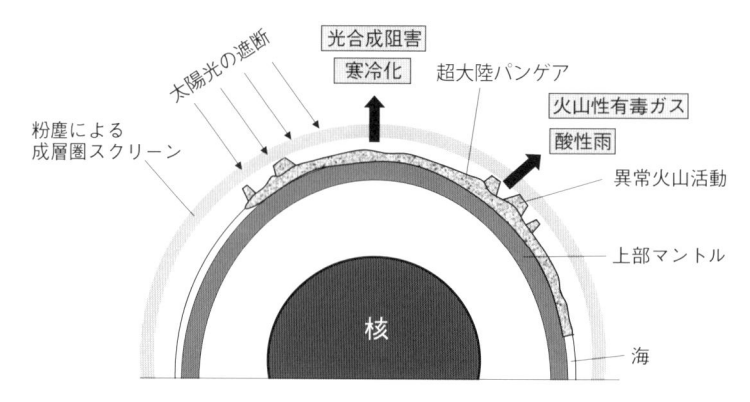

図 10-7　P/T境界における大規模絶滅のシナリオ（丸山・磯崎 1998 を改変）。

　群レベルや多くの異なる分類群で同時に，広範囲に生じた絶滅であり，その時期は動物と植物で一致している場合も少なくない．

　一つの顕著な部分は，二畳紀（Permian period）と三畳紀（Triassic period）の境である．この時期は，まだ大陸が超大陸パンゲアの状態である．したがって，この絶滅の原因を解明するためには，地球規模での環境変動を想定することが必要である．Raup & Sepkoski (1984) は，この二畳紀と三畳紀の間（P/T境界期）に起きた大規模絶滅の原因を超大陸の分裂と異常火山活動（地球内因）によるというシナリオを考えた（図10-7）．つまり，火山活動により，有毒火山ガスが噴出される．それは，動物たちに二酸化炭素中毒をはじめとする呼吸器系，循環器系，神経系にダメージを与えた．そして，火山の爆発による粉塵によるダストスクリーンで太陽光が地上に届かなくなり，植物は十分な光合成ができなくなる．それは草食動物たちの餌資源を枯渇させ，さらに多くの動物たちを絶滅へ導いた，と考えたのである．

　このP/T境界期のほかにも大陸移動がより進んだ白亜紀（Kreide period）と第三紀（Tertiary period）のK/T境界期にも多くの種の減少が見られる．この大規模絶滅は，直径10kmにも及ぶ巨大隕石の衝突による（地球外因）ものと考えられている．

10-2 生育地の分断・孤立化

　十勝平野は，現在日本を代表する作物生産の拠点である。ダイズ，アズキ，サトウダイコンなどの大規模な畑作地帯が延々と広がっている。十勝地方の開拓は，明治時代初期（1800年代後半）から始まり，1950年にはほぼ現在の耕地面積まで開拓が進んだ。したがって，林床植物であるオオバナノエンレイソウの生育地はその残された森林と深く関係し，時には5 haを超える大きな群落も存在するが，その生育地の多くは，畑作の間に取り残された「孤立林」の林床なのである（図10-8）。

　オオバナノエンレイソウの生活史特性をもう一度ここで整理しておこう。オオバナノエンレイソウは種子繁殖を行い，種子発芽から開花までは長い年月を必要とする多年生草本である。実生から小さい1葉段階の個体の死亡率は高いが，3葉以上になるとその生存率は高く，開花個体に到達すると多くの個体が生存し，ほぼ毎年開花する。さらに，北海道の地域集団で交配様式が分化しており，日高・十勝地方の集団は自家不和合性をもち，虫媒による完全な他殖により種子形成を行っていることを思い出してほしい。つまり，オオバナノエンレイソウが生育する森林の分断・孤立化は，当然のことならがオオバナノエンレイソウの

図10-8　北海道十勝平野で見られる孤立林（①）。さまざまな大きさの孤立林が点在する（②；富松原図）。濃いグレーの部分が孤立林。

群落を縮小する。小さくなった（花数が少なくなった）オオバナノエンレイソウ群落は訪れる昆虫にとっては魅力のない（報酬の少ない）場所となってしまい，訪花回数，訪花頻度などが低下するのではないだろうか。そして，その結果，その群落で作られる種子の数も低下するのではないだろうか。これまでの生活史研究から，オオバナノエンレイソウの群落の未来にいろいろな不安がわいてきた。

10-3 種子生産数の減少

　はたして，小さな群落では作られる種子の数は少なくなっているのか。図10-9は，1998年と1999年に，十勝地方の大小さまざまな個体群を対象に個体群の大きさと種子生産量の関係を見たものである。調査を行った2年間で，1999年だけが統計的に有意であったが，全体的に小さな個体群で作られる種子の数が低下する傾向が見られた。これはやはり，訪花昆虫の数の低下により，個体間での花粉のやりとりが低下しているためなのだろうか。それを検証するために，あらかじめ野外で花に除雄処理を施し，開花終了後に柱頭を実験室に持ち帰り，顕微鏡下で柱頭に付着している他家花粉の数を測定した。その結果，大きな個

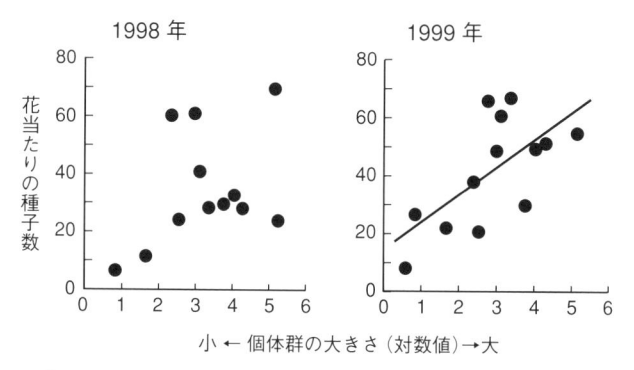

図10-9　オオバナノエンレイソウ個体群の種子生産量と個体群サイズとの関係（Tomimatsu & Ohara 2002）。1999年には統計的に有意な個体群サイズの効果が認められた（共分散分析，$P < 0.05$）。小さな個体群では種子生産量が少なく，不十分な花粉媒介に起因するものと考えられる。

Box 10-2　メタ個体群

　メタ個体群 (metapopulation) とは，パッチ状に分布する局所個体群が個体や遺伝子の交流を通じて影響し合う個体群のネットワークをさす。メタ個体群内の個体群間の相互作用は，個体や遺伝子の分散量に左右される。個体群のサイズが増加するにつれて，より多くの個体が移出され，その一方でサイズの小さい個体群は移入個体を受け入れる。このような状況を，ソース・シンクメタ個体群 (source-sink metapopulation) という。したがって，個体群の孤立化が進み，メタ個体群としてのネットワークが途絶えると，そのシンク側の個体群には個体の移入が減少し，個体群の成長は負になり，やがて消滅する。

　Hanski et al. (1996) は，フィンランドの南西に位置するオーランド諸島で，チョウ (*Melitaea cinxia*) の小さな個体群 (1,502個体群) を調査した。その結果，毎年200の個体群が絶滅し，チョウの生息していなかった114の場所で新たな個体群が確認された。個体群が絶滅した要因としては，ソース個体群からの隔離，資源量 (花の数) の低下，個体群内の遺伝的多様性の低下などがあげられる。このフィンランドのチョウの個体群は一つだけでは生存できる大きさがなく，新しい個体群が連続して形成され，既存の個体群は移入によって供給されるというメタ個体群のネットワークの存在が非常に重要である。

　メタ個体群間でのネットワークの存在と，そのネットワークの強さは，当然のことながら個体群の遺伝的構造にも大きな影響を及ぼす。アメリカ東南部に生息するアカゲラの仲間 *Picoides borealis* は，かつてはこの一帯に幅広く生息していた。しかし，開発による生息地の分断化が進み，孤立した個体群間でのアカゲラの移住が減少した。そのため，より小さな個体群では遺伝的多様性が減少するとともに，個体群間の遺伝的分化の程度もより大きくなったことが知られている (Meffe & Carroll 1997)。

　メタ個体群は保全生物学上，二つの重要な意味をもつと考えられる。一つは一度分断された空白地へ，新たに連続的な個体群を形成できる。もう一つは，ソース・シンクメタ個体群の存在により，全体として広い地域を占有し，分断された局所個体群間でネットワークができることにより，長期的な絶滅を防ぐことができる。もしも，個体群間での交流がなければ，個体群は消滅し，ひいては種までも絶滅しかねない。

体群に生育するオオバナノエンレイソウは，より多くの他家花粉を柱頭に受けとっていた。したがって，小さな個体群における種子生産量の減少は，訪花昆虫の訪花が低下し，花粉媒介が十分に行われないためであることが明らかになった（Tomimatsu & Ohara 2003a）。おそらく，十勝地方のオオバナノエンレイソウ群落は，十勝平野という大きな低地性の森林の林床で大きな群落を形成することにより，訪花昆虫の生息場所としても，そして餌を得るためにも好適な場所として，確実に虫媒による他殖を行う繁殖様式が進化してきたに違いない。その長い年数をかけて進化してきた背景が，わずか100年余りのうちに行われた人間による開発行為により，瞬く間にそのバランスが崩れてきているのである。

10-4　個体群構造の変化

　森林の分断化がその林床に生育するオオバナノエンレイソウの繁殖様式にも，大きく影響を及ぼすことはわかってきた。これまで見てきた十勝地方のオオバナノエンレイソウ群落では，その群落の大小にかかわらず毎年，白い花々が開花する。しかし，オオバナノエンレイソウの生活史研究のバックグラウンドはさらなる不安を引き起こした。第4章の個体群構造で見た，実生や小さな1葉段階個体の高い死亡率。そして，開花個体の高い生存率である。開花個体の高い生存率の何が悪いか？それは全く悪くないが，そのために私たちが気がつかないことがある。

　図10-10は，サイズの異なる六つの個体群の生育段階構造である。どの個体群を見ても開花個体や3葉段階の個体は存在する。しかし，注目してほしいのは，実生や1葉といった若い生育段階の占める割合である。大きな個体群では，3葉個体や開花個体よりもはるかに高い頻度で実生個体と1葉個体が存在する。その一方で，個体群サイズが小さくなるに伴い，実生個体と1葉段階の個体の頻度が低下し，左から二番目の個体群では実生個体が全くなく，さらにより個体群サイズが小さい，いちばん左側の個体群では，実生個体や1葉個体が全く存在しない。

　これは，個体群サイズが小さくなることにより，その個体群で作られる種子生産数が低下したうえに，もともと実生個体や1葉個体の死亡

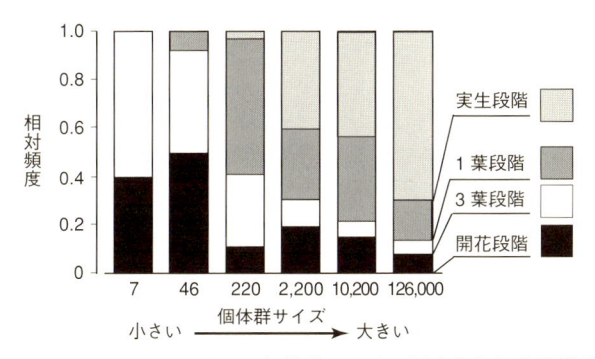

図 10-10 オオバナノエンレイソウ個体群における孤立化と個体群構造の関係 (Tomimatsu & Ohara 2002 より)。小さな個体群では実生段階の個体の割合が低く, 3 葉段階の個体の割合が高くなる傾向が見られる (並び換え検定, $P < 0.05$)。

率が高いために, 十分な数の次世代個体が維持されてないことを示すものである。しかし, その一方で, 開花個体は生存率が高く, 毎年咲き続けるために, その生活史を知らないものにとっては, 毎年安定して開花する個体群としてしか認識されないのである。このように, 個体群の分断・孤立化は種子生産の低下, 次世代個体の補充の低下を経て, ボディーブローのように長期的に個体群を衰退へと向かわせている。

10-5　遺伝的劣化

　個体群が小さくなることで引き起こされる遺伝的な問題として「遺伝的劣化 (genetic deterioration)」がある。これは, 個体の生存や繁殖に負の影響を与える遺伝的な変化であり, 対立遺伝子やヘテロ接合度の減少がそれに相当する。図 10-11 は, 十勝地方のオオバナノエンレイソウ個体群について, アロザイム遺伝子座に関して個体群サイズと遺伝的多様性の関係を見たものである。やはり小さな個体群では対立遺伝子が少なく, 遺伝的多様性が低いことがわかる。そこで, その要因を把握するために, 対立遺伝子を出現頻度の高い遺伝子 ($p \geq 0.1$) と低い遺伝子 ($q < 0.1$) とに分類してみたところ, 小さな個体群で観察されなかったのはすべて出現頻度の低い対立遺伝子であることがわかった。

　個体群が分断され, その一部が切りとられて残った場合, 個体群内

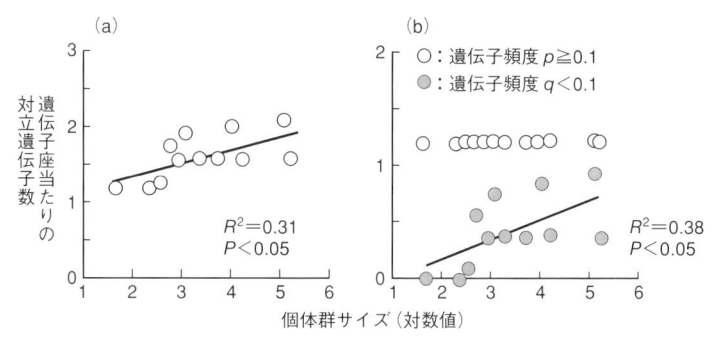

図 10-11 オオバナノエンレイソウの個体群サイズと遺伝的多様性の関係（Tomimatsu & Ohara 2003b より）。アロザイム 11 遺伝子座における遺伝子当たりの対立遺伝子数を示した。（a）全対立遺伝子をまとめた場合。（b）対立遺伝子を出現頻度に応じて二つに分類した場合。

に分布していた対立遺伝子の一部が確率的に失われるために，「創始者効果（founder effect）」により遺伝的多様性が減少する。そして，分断された後は，個体群が小さいために遺伝的浮動の影響が強くなり，対立遺伝子は時間とともにやはり確率的に失われていく。オオバナノエンレイソウは開花個体の寿命が長いため，おそらく十勝平野で開発による分断化が生じてから数世代しか経過していないと考えられる。したがって，十勝地方のオオバナノエンレイソウで見られる遺伝的多様性の減少は，分断時の創始者効果によるものが大きいと考えられる。

10-6　個体群の存続可能性

　ここまで，オオバナノエンレイソウを事例に，生育地の分断・孤立化がその生活史に及ぼす影響を，繁殖，個体群構造，遺伝構造，の項目別に見てきた。どの項目を取り上げても，開発による分断化がオオバナノエンレイソウに良い結果を生みだすことはない。Young & Clark (2000) は，分断化された個体群の存続可能性を，個体群統計学的要因 (demographic factor) と遺伝学的要因 (genetic factor) の両面から評価することの重要性を提起している。

　図 10-12 は，オオバナノエンレイソウの事例から導き出された，森林

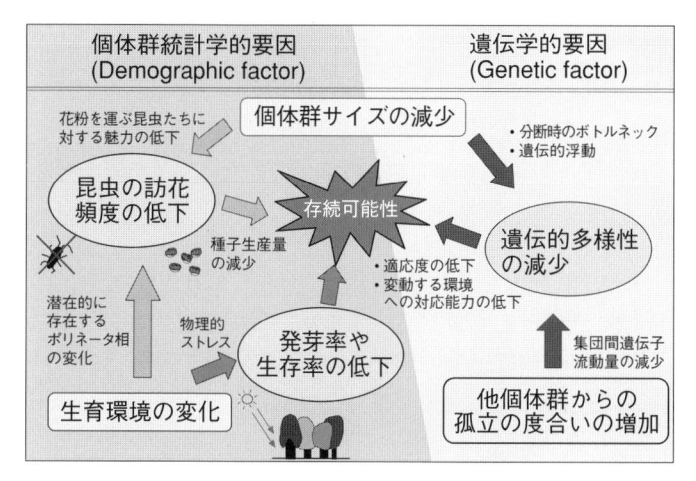

図10-12 森林の分断化が林床植物個体群の存続可能性に影響を与えるプロセス（富松原図）。

の分断化が，林床植物個体群の存続可能性に影響を与えるプロセスをまとめたものである。個体群サイズが小さくなることにより，まず個体数が減少する。すると遺伝的多様性が失われ，繁殖率が低下し，個体群サイズが小さくなる。このように，個体群サイズが小さくなるにつれて個体群統計学的要因と遺伝学的要因が相互に作用し，いわゆる「絶滅の渦」（図10-1）に巻き込まれ，最終的には個体群は消滅してしまう。したがって，消滅の理由を一つの要因だけに限定するのは大きな誤りを導くことになりかねない。

このように，オオバナノエンレイソウに関する生活史研究の積み重ねが，開発行為により自然が受ける短期的・長期的影響を的確に評価する重要な役割を果たすことがわかってきた。開発を行わず，その環境を維持することが最優先ではあるが，昨今，アセスメントでしばしば提案される「希少植物の移植による回避」は愚の骨頂ともいえる。やむなく開発が行われる際にも，一つの生物の生活史にさまざまな生物が関与していることを理解し，それらを同一群集として包み込む物理的・生物的環境を一つのユニットとして担保できる環境を吟味，そして整備したうえで，移植などの保全・回避対策を考える必要があろう。

Box 10-3　分断化された個体群の保全・管理計画

　保全の取り組みで大切なのは，特定の種にのみ目をむけるのではなく，その生活史の把握に基づいて，生物的・物理的環境との相互作用を網羅した自然の生態系全体の保全を行うこと。また，その環境を長期的に維持することにある。しかし，これはまさに「言うは易く行うは難し」である。

　分断化された個体群はどのように保全・管理すれば良いのであろうか。Frankham et al. (2002) は，分断化された個体群の遺伝的多様性を最大化し，近交弱勢や絶滅のリスクを軽減するための方策として，以下のような選択肢をあげている。

（1）生息場所の面積を増加させる。
（2）利用できる生息場所の生息適性を高める（密度を増加させる）。
（3）低下した移住率を人為的移植により増加させる。
（4）絶滅してしまった生息場所（生息適地）に個体群を再建する。
（5）残った生息場所の間をコリドー（回廊：corridor）で結ぶ。

　いずれも，何らかの形で人為的な修復を行うものあるが，分断化された生息地間をつなぐコリドーは，集団間の遺伝子流動を再確立させるために役立つ。つまり，孤立した個体群間が互いに結ばれることにより，個体（動物や植物の種子）や配偶子（花粉）の移動が可能になり，個体群内の遺伝的多様性の増大と有害遺伝子の蓄積を防止することができるという考え方である（Nichols & Margules 1991）。実際に，チョウの1種，トケイソウヒョウモン（*Euptoieta claudia*）では，コリドーの存在により，パッチ間の移動が促進されている（Haddad 1999）。また，植物においても，コリドーによって森林が結ばれることにより，林縁部に生育するユキザサの仲間 *Smilacina racemosa* やテンナンショウの仲間 *Arisaema tryphyllum* の出現頻度がより高くなることが示されている（Corbit et al. 1999）。

　このコリドーの考え方は，現在高速道路の建設計画にも取り入れられている。高速道路建設により，シカ，キツネなどの動物の生息地や行動域が寸断されてしまうような場合，高速道路の下に動物が行き来できる通路「ボックスカルバート（box culvert）」が埋設されている。コンクリートの地下道を動物が好んで通るかどうかは疑問だが，動物たちが高速道路上をよぎることにより生じる交通事故死，いわゆる「ロード・キル（road kill）」の防止対策の一つである。

11章
生活史研究を基礎とした環境教育への取り組み

　近年，希少野生生物や外来種の侵入に関する保全の意識は非常に高まってきている。しかし，その一方で，身近にある自然が長期的に絶滅の危機にさらされていることはまだ十分認識されていない。そこで，これまでの研究を通じて得られた林床植物の生活史をわかりやすく地域住民（特に，次世代を担う子どもたち）に解説し，理解してもらう。そして，希少野生生物や高山植物群落だけではなく，身近な低地林も，未来に受け継いでいかなければならない貴重な自然遺産であることを理解してもらいたいと考えている。この最終章では，現在，地方自治体（北海道広尾町）と実際の教育現場の先生たちと一緒に行っている，植物の生活史研究を基礎とした環境教育活動を紹介したい。

11-1　日本における環境教育の流れ

　今日，地球規模で多様な環境問題が深刻化するなか，日本においても環境問題を具体的かつ早急に解決するため，さまざまな科学的あるいは社会学的アプローチが展開されている。2006年4月には，環境省から「環境基本計画」が発表され，そのなかで「今四半世紀における環境政策の具体的な展開」の一つとして，「環境教育・環境学習等の推進」が掲げられている。さらに，「環境教育・環境学習等の推進」の施策の一つとして，「学校教育における環境教育・環境学習」があげられている。文部科学省が告示する教育課程の基準である学習指導要領のなかで，学校教育における環境教育の導入が明示されたのは，当時の文

部省が行った1989年（平成元年）度の学習指導要領の改訂以降になる。

しかし，この段階では環境にかかわる内容は，社会科，理科，生活科などの教科で各教科の教科理論に基づき指導が行われ，各教科が連携して環境教育的内容を展開するものではなかった。そこで文部省は，教員が教科間で連携をとりながら環境教育を実践するために，「環境教育指導資料－中学校・高等学校編」を1991年に，続く1992年には「環境教育指導資料－小学校編」を発行した。その後，教育課程審議会で「環境問題への対応」に関する教育課程の基準の改善として，各教科・道徳・特別活動および総合的な学習の時間における，地域の事情を踏まえた環境に関する内容の充実。児童生徒の発達段階に応じた，問題解決的，作業的，体験的学習の重視。などの方針が示され，1998年（平成10年）度に再び学習指導要領の改訂が行われ，現在に至っている。

11-2 小学校における環境教育

1992年に発行された「環境教育指導資料－小学校編」では，小学校における環境教育のねらいとして以下の三つの項目が掲げられている。

(1) 豊かな感受性を育成すること。

環境教育の基本となるのは，環境とそれにかかわる問題や環境の実態等について，関心をもち，環境に対する豊かな感受性をもつことである。小学校においては，児童が自分自身を取り巻く環境やすべての環境事象に対して意欲的にかかわり，それらに対する感受性を豊かにすることに努める必要がある。

(2) 活動や体験を重視すること。

小学校における環境教育は，児童が身の回りの事象に触れ，それらについて考えるようにすることが望ましい。小学校における環境教育は，活動や体験を重視することが大切である。

(3) 身近な問題を重視すること。

地球規模の環境問題を取り上げる前に，まず身の回りの社会や自然の事象などに目を向け，自ら考えられるようにすることが大切である。

このように，小学校における環境教育は地球規模の環境問題や現象を扱うだけではなく，身近な事象も積極的に取り上げることが望まれている。

さらに，「環境教育指導資料－小学校編」のなかでは，環境教育を進めるうえで教材についても工夫が求められており，教材に関して以下の四つの項目が定義されている。

(1) 身近な問題を取り上げる：地域の自然や文化，人々の生活など児童の身近な問題の題材を求めることが重要である。
(2) 環境教育の視点から教材としての価値を考える：環境教育は幅広いものであり，一見環境教育には関係ないように思える教材でも，視点を変えて見ると環境教育の適切な教材になるものも多い。
(3) 野外学習を重視する：地域の自然を直接学ぶ学習である野外学習は，環境教育を進めるうえできわめて効果的なものである。このような活動を通じて，児童は，地域の自然に関心をもち，地域を理解し，地域の自然を大切にする心情や態度をもつようになる。また，野外学習では，単に自然の事物・現象の事実をとらえるだけでなく，それら相互のかかわりなどについて，全体を通じて総合的に把握できるようにすることが大切である。
(4) 映像教材を活用する：映像教育を用いれば，長期間にわたる地域の環境の変化を理解することが容易になる。児童の発達に応じて，適切な映像教材を活用することも環境教育を進めるうえで大切なことである。

このように，「環境教育指導資料－小学校編」では，小学校における環境教育の進め方について詳しい指針が示されている。しかし，実際の学校現場では，9割の教員が環境教育の必要性を認め，指導すべきと考えていながらも，環境教育を実施していると自覚している教員は1割にも満たないといわれている。その理由としては，日本環境教育フォーラム (2000) の「日本型環境教育の提案」では，学校において環境教育を行う高い必要性があるものの，そのテーマや教材などはすべて各学校に一任されており，その具体的実践方法に関する問題も指摘されている。

環境教育では，「地球温暖化」，「ゴミ問題」，「エネルギー問題」，「森林破壊」など多岐にわたるテーマが考えられるが，今回は「環境教育指導資料－小学校編」において，環境教育のねらいや教材の工夫としてあげられていた「地域性」や「身近なもの」，さらに「野外活動」という要素を取り入れて，北海道の自然環境の大切さを学習する環境教育プログラムを作成することとした。北海道には，世界自然遺産にも登録された知床国立公園を含め，日本のなかでもまだ多くの自然が残されている。しかし，近年の都市化の進展や道路建設などにより，身近な自然が急激に失われつつあるのも事実である。そこで，テーマを身近な低地林の自然環境の保全とし，さらにその教育アプローチとして，一つの植物の生き方（生活史）を学ぶ理科教育を通じて，その植物が生きるためにかかわる他の動植物との関係の重要さを知り，最終的にはそれらの生物を育む自然環境の大切さを理解してもらう展開を考えた。生活史を紹介する教材植物は，北海道の低地林を代表する林床植物であり，その生活史が何よりも明らかになっている「オオバナノエンレイソウ」である。

　以上のような観点に基づき，小学校における環境教育を具体的に実践・指導するための環境教育プログラムを作るために，ここでは題材としたオオバナノエンレイソウの生活史を解説する「教材パンフレットの作成」，「野外観察会の実施」，そして本教育プログラムを教員に活用してもらうための「指導書の作成」という三つの柱からなる研究を展開した。教育プログラムの作成に関しては，教育現場との連携が必要不可欠であるため，広尾町教育委員会と広尾町管内の全小学校5校（現在は，残念ながら1校が閉校）とともに研究を行った。

11-3　教材パンフレットの作成

　広尾町を中心に長年行ってきたオオバナノエンレイソウの研究成果を地域住民に還元していくこと，また身近な自然環境の大切さをオオバナノエンレイソウの生き方（生活史）を通じて理解してもらうために，『オオバナノエンレイソウが教えてくれる身近な自然の大切さ』（全12頁）

表 11-1 広尾町で行った環境教育プログラムの内容

1. パンフレットの作成
    1-1 オオバナノエンレイソウの生活史を紹介するパンフレットを作成
    1-2 パンフレットに対するアンケート調査の実施
2. 野外観察会の実施
    2-1 パンフレットに基づく野外観察会を実施
    2-2 野外観察会に対するアンケート調査の実施
3. 指導書の作成
    3-1 教科書を活用するためのガイドを作成
    3-2 現場の先生方による検討

という教材パンフレットを作成した（図11-1）。その構成は，まずオオバナノエンレイソウの形態や分布，生育環境に始まり，成長過程・個体群構造・繁殖様式などの具体的な生活史過程を解説する。そして，最終的にオオバナノエンレイソウの生活史の学習を通じて，生育環境全体を含む総合的な自然環境の大切さを理解してもらうような展開とした。

パンフレットは文章を最小限にとどめ，写真やイラストなど，できるだけ視覚でとらえることができる資料を多く用いるように配慮した。また，小学校低学年でも読めるように，漢字には振り仮名を振った。パンフレットは2006年6月上旬に広尾町教育委員会を通じて，広尾町管内

図 11-1 環境教材パンフレット『オオバナノエンレイソウが教えてくれる自然の大切さ』。

の全小学校の全児童461名および全小学校と全中学校（4校）の教職員110名に配布した。

これまで理科教材としては，アサガオやヒマワリなど，1年で一生が完結する一年草の観察が主であったが，多年草でも，その成長過程を含む生活史特性に関して，詳細な調査・研究が行われている植物を題材にすることにより，植物教材として活用できることが示された。さらに，野外に生育する多年生植物を扱うことにより，その植物の成長にかかわる他の生き物との関係や生育環境の重要性も含めた，環境教育的教材を作成することができた。

教材パンフレットの配布と同時に小学校高学年に簡単なアンケート調査も行った。広尾町で生活している小学生の4年生から6年生までのほとんどの児童が，オオバナノエンレイソウについて知っているとの回答が得られ，オオバナノエンレイソウが広尾町民にとっては身近な植物であると考えられる。また，学年別に得られたアンケート結果では，「オオバナノエンレイソウの生き方」について，「わかりやすい」と回答した

表11-2 教材パンフレットに関するアンケート調査内容

① オオバナノエンレイソウをご存知でしたか？　　（はい・いいえ）

② パンフレットの内容について伺います。各項目で当てはまるものに○をつけて下さい。
　　　　　A…興味を持った　　B…興味を持たなかった
　　　　　3…わかりやすい　　2…わかりにくい　　1…どちらでもない

	興味	わかりやすさ
● 一年草と多年草の違い	（A・B）	（3・2・1）
● オオバナノエンレイソウの生き方	（A・B）	（3・2・1）
● 花粉や種子を運ぶ仕組み	（A・B）	（3・2・1）
● 身近な自然環境の大切さ	（A・B）	（3・2・1）

③ もっと知りたいと思った内容があれば，お書き下さい。

④ 身近な自然の大切さを知ってもらうために，何か良いアイデアがあればお書き下さい。

⑤ 今後，このようなパンフレットに取り上げて欲しい植物があればお書き下さい。

—「身近な自然の大切さ」について—

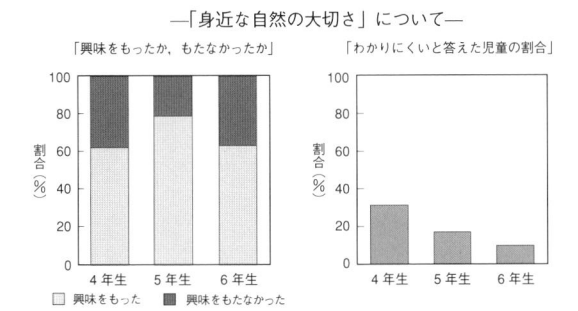

図11-2 環境教材パンフレットに関するアンケート結果。身近な自然の大切さについて（表11-2の網かけ部分）。

4年生が6割，6年生が8割，また「花粉や種子を運ぶ仕組み」については4年生が4割，6年生が7割と学年間で大きな違いが認められた。この違いは，それまでに受けている理科教育の学年ごとの知識レベルの違いを反映しているものと考えられる。したがって，理科教育での学習レベルが異なる児童に同じ内容を理解させるには，その知識レベルに応じたより丁寧な指導が必要と考えられた。

11-4 野外観察会の実施

「環境教育指導資料-小学校編」のなかで小学校における環境教育のねらいおよび教材の工夫の要素として「野外活動」があげられている。そこで，パンフレットでの学習に加え，自然体験を通じてオオバナノエンレイソウの生活史や生育環境について児童の意欲・関心を高めることを目的とし，野外観察会を行った。野外観察会は日本有数のオオバナノエンレイソウ大群落が存在し，これまで長年にわたりオオバナノエンレイソウの生活史に関する調査・研究が行われてきた広尾町シーサイドパークで実施した。観察会の実施日時はオオバナノエンレイソウの開花時期に当たる5月に，小学生を対象とした野外観察会を行った（図11-3）。観察会では，パンフレットに基づき，オオバナノエンレイソウの生活史段階を確認し，実際に児童たちに，実生段階や1葉段階の小さな

172　　11 章　生活史研究を基礎とした環境教育への取り組み

図 11-3　北海道広尾町シーサイドパークで開催した野外観察会（2006 年 5 月 27 日）。児童 24 名が参加（各小学校から代表で 4～5 名）。

図 11-4　野外観察会（その 1：オオバナノエンレイソウの生き方を知る）。オオバナノエンレイソウの大群落を見る（①）。パンフレットの内容を確認（②）。オオバナノエンレイソウの生活史段階を見る・探す・触れる（③, ④）。

11-4　野外観察会の実施　　　　　　　　　　　　　　　　　　　　173

図 11-5　野外観察会（その 2：保全の現場を知る）。オオバナノエンレイソウの群落内に車を乗り入れているオートキャンプ場（①）。車の乗り入れを規制したオオバナノエンレイソウ保護区（②）。車の乗り入れにより裸地化した場所へのオオバナノエンレイソウ種子の播種（③）。種子播種後のモニタリング調査（④）。

個体を探してもらった（図 11-4）。そして，広尾町とともに実施している群落の保護や再生に関する事業も見学してもらった（図 11-5）。

　小学校における環境教育のねらいおよび教材の工夫としてあげられていた「野外での活動の重視」という要素をもつ体験型の野外観察会は，環境教育のプログラムを実践するうえで欠かすことのできない内容と考えられる。野外観察会に参加した児童からの感想でも，オオバナノエンレイソウの生育段階についてわかったという意見が多かった。このことからも，パンフレットを利用した机上の学習に加え，さまざまな生育段階を間近に見て触れることができる野外観察会は，オオバナノエンレイソウの生き方を具体的にとらえるうえでも非常に効果的であると考えられる。

野外観察会はオオバナノエンレイソウの大群落が存在する広尾町シーサイドパークにて実施したが，前述したとおりオオバナノエンレイソウは，広尾町では身近な場所に生育している。したがって，今後本教育プログラムを小学校の授業で実践する場合，オオバナノエンレイソウの観察のためにシーサイドパークまでいかなくても，比較的身近な場所で観察することも可能である。野外観察会には，このような多くの長所がある一方，野外で行う授業の場合には当日の天候条件にも左右されるほか，野生植物の開花期の年次変動も存在することから，野外観察会の実施に当たっては実施時期を十分に検討する必要もある。

11-5　指導書の作成

　「指導書」は教員向けに授業の参考になるように，「授業編」と「研究編」に区分して教科書の内容を詳しく解説したものであり，各教科書出版会社では教科書と合わせて発行している。今回作成したパンフレット『オオバナノエンレイソウが教えてくれる自然の大切さ』に関しても，実際の授業や観察での参考となるように，「授業編」と「指導編」からなる指導書（全18頁）（図11-6）を作成した。本研究を実施した広尾町の小学校では「教育出版」の教科書と指導書が採択されていることから，その様式に従って指導書を作成した。教育出版の指導書では授業時間数ごとに目標を設けているが，本指導書ではパンフレットの頁ごとに指導目標を明確に示した。また，従来の指導書同様，学習内容にかかわる情報や事例を詳しく掲載することを心がけた。

　指導書作成後，指導書の内容と野外観察会を含めた本教育プログラムの有効性について，教育委員会からの委託により組織された広尾町管内の小学校教諭5名からなる「教育プログラム案調査委員会」に検討を依頼した。そして，委員会からの意見を受け，指導書の改訂と本教育プログラム全体に関する考察を行った。

　本指導書では，4時間のカリキュラムを設定しているため，「教育プログラム案調査委員会」からは，理科のカリキュラムとして本プログラムを行うには学習時間数も限られているため，「総合的な学習の時間」

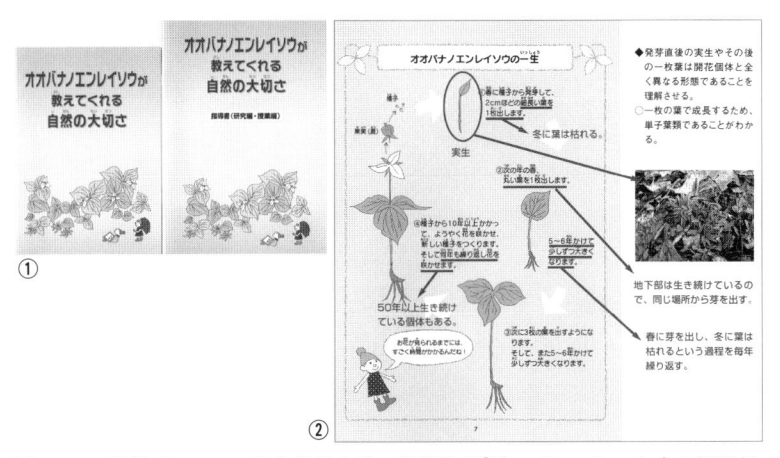

図11-6 教材パンフレットと教員向けの指導書（①）。パンフレット内の解説部分（②：図11-1の中央の部分の解説）

も利用したほうが良いという意見をいただいた。「総合的な学習の時間」は2002年に開始されたが，そのねらいとして，各学校の創意工夫を生かした横断的・総合的な学習や，児童生徒の興味・関心などに基づく学習などを通じて，自ら課題を見つけ学び考え，主体的に判断し，より良く問題を解決する資質や能力を育てることが掲げられている。その学習活動は，地域や学校の実態に応じ，各学校が創意工夫を十分発揮し，国際理解や情報，環境，福祉・健康などの課題，児童生徒の興味・関心に基づく課題，地域や学校の特色に応じた課題などについて，学習課題や活動を展開するように考えられている。

また，「日本型環境教育の提案」のなかで，「総合的な学習の時間」では，地域をフィールドとした学習を進めるケースが多くなることや，環境教育の視点からも，地域にある自然・文化・社会をテーマに子どもたちによる課題設定，調査や観察活動などが行われることが想定されている。したがって，本教育プログラムは当初理科教育を中心として展開することを考えていたが，委員会からの意見のように，総合的な学習の時間など他の教科や時間も柔軟に活用しながら進めていくことも必要と考えられる。

11-6　今後の展望

　本研究により，生活史に関して詳細な調査・研究が行われている身近な植物を題材として，地域の自然環境の大切さを理解する環境教育教材と教育プログラムを作成することができた．今回は，北海道という地域性を背景として，オオバナノエンレイソウの生活史を題材に，低地林の保全を環境教育プログラムの主たるテーマとした．このような地域を特徴づける植物の生活史研究を生かした教育プログラムは，日本各地の身近な自然（里山，干潟，海浜など）を対象として幅広く展開できるものと考えられる．

　また，本研究では，児童の自然体験として野外観察会を実施したが，パンフレットなどによる教室内での学習に加え，多年生植物の生活史段階や生育環境を直接観察することは，児童の理解をより深める貴重な機会となった．本研究でモデル植物としたオオバナノエンレイソウは，開花期が新学期を迎えて間もない5月であるため，野外観察会に向けてパンフレットによる学習を前年度から行うなど，学年を越えた授業カリキュラムの調整も検討する必要がある．

　このほか，本教育プログラムを教育現場で定着させるためには，従来の教育プログラムでは出てこなかった児童の多様な興味・関心，そしてさまざまな疑問に対応する教員の幅広い知識も要求される．本研究では，大学の研究室が主導となりパンフレットの解説と野外観察会を行ったが，今後は教員が主体となった教育が望まれる．したがって，指導書の内容の充実に加え，教員を対象とした事前の講習会と野外観察会の開催も毎年実施している．このような機会を通じて，教員自身が生き物同士のかかわり合いや地域の自然環境についてより理解を深めることは，今後児童への教育の効果をより高めるためにも非常に重要と考えられる．

　最後に，大学の研究に基盤をおいた教育プログラムの作成は，ともすれば実際の教育現場の現状と乖離したものになりがちである．しかし，

11-6　今後の展望

本研究では広尾町教育委員会と広尾町管内の全小学校の全面的協力を得ることができ，教育現場の意見を反映した形でプログラムを作り上げることができた。したがって，真に有効な教育プログラムを構築するためにも，今後は大学などにおける研究成果の公開と，教育現場と研究現場とのより活発な交流が必要不可欠と考える。

Dessert Time　学生たちとの出会い

　このBoxは、これまでのCoffee Breakではなく、Dessert Timeにしました。それは、本書の最後でもあり、また僕がスイーツが大好きだからです。でも、学生たちとの出会いは、僕にとって先生や友人との出会いとは違った特別な意味をもちます。なので、学生たちといつも調査の帰りに食べるソフトクリームや、研究室で食べるケーキと結びつけて、Dessert Timeにしました。

　僕の研究室の学生たちは、みんな宝物です。だって、自分たちの意志で僕の研究室を選んで来てくれたのですから。卒業研究の1年間でも、修士課程の2年間でも、また博士課程での3年間でも、その在籍した長さにかかわらず、僕の研究室に来てくれたことに変わりありません。

　僕の研究室では、2001年から2年に一度、僕が勝手に主催して、「同窓会」を開催しています。ちょっとサイクルが早すぎるのでは？　と思われるかもしれません。でも、2年に一度開催すれば、そのときに在籍する学生たちが、一度は先輩たちに合うことができるからです。もちろん、毎回卒業生全員が参加できるわけではありません。でも、4年に一回、6年に一回でも卒業生に参加してもらえれば、どこかで僕の研究室で学んでくれた人たちの接点ができることを期待して開催しています。

　当然のことなら、僕の研究室を卒業した学生がその後研究を続けているわけではありません。でも、一つの研究テーマのもとに、真剣に研究に取り組み、フィールドワークや実験を通じて、結果をまとめていくことは、卒業後にどのような仕事に就いたとしても大切なことだと思います。そして、お父さん、お母さんになって、子どもさんに、大学の楽しさ、研究の面白さ、植物の面白さや自然の大切さを伝えることができたらどんなに素晴らしいことでしょう。

　僕は、本書のCoffee Breakで紹介させていただいたいろいろな方々に支えられて、研究をしてきました。そして、いま大学の教員となり、すばらしい学生たちに出会い一緒にいられることに感謝しています。

　学生指導は決して楽ではありませんし、僕も至らないことだらけです。でも、どんなに忙しいときも「いつも笑顔を忘れないで」が僕の心の合言葉です。どんなに辛く、大変なときも、学生たちと一緒にいる日々のなかで、将来にわたって互いに信頼し合える心の糸を紡いでいっているのだと信じています。これまでも、そうであったように、これからも。

引用文献

Araki, K. & Ohara, M. (2008) Reproductive demography of ramets and genets in a rhizomatous clonal plant *Convallaria keiskei*. Journal of Plant Research 121: 147-154.
Araki, K., Shimatani, K. & Ohara, M. (2007) Floral distribution, clonal structure, and their effects on pollination success in a self-incompatible *Convallaria keiskei* population in northern Japan. Plant Ecology 189: 175-186.
Araki, K., Shimatani, K. & Ohara, M. (2009) Demographic-genetic studies of a clonal plant *Convallaria keiskei*: spatial structure and growth pattern of ramets and genets. Annals of Botany 104: 71-79.
Araki, K., Yamada, E. & Ohara, M. (2005) Breeding system and floral visitors of *Convallaria keiskei*. Plant Species Biology 20: 151-155.
Arimura, G., Ozawa, R., Shimoda, T., Nishioka, T., Boland, W. & Takabayashi, J. (2000) Herbivory-induced volatiles elicit defense genes in lima bean leaves. Nature 6795: 512-515.
Austin, M.P. (1985) Continuum concept, ordination methods, and niche theory. Annual Review of Ecology and Systematics. 16: 39-61.
Barrett, S.C.H. (1996) The reproductive biology and genetics of island plants. Philosophical Transactions of the Royal Society of London Series B 351: 725-733.
Barth, F.G. (1985) Insects and Flowers: The Biology of a Partnership. Princeton University Press, New Jersey.
Beattie, A.J. & Culver, D.C. (1979) Neighborhood size in *Viola*. Evolution 33: 1226-1229.
Bell, G. (1982) The Masterpiece of Nature: the evolution and genetics of sexuality. University of California Press, Berkeley, California.
Bernstein, H. & Bernstein, C. (1991) Aging, Sex, and DNA Repair. Academic Press, Boston, Massachusetts.
Bernstein, H., Byerly, H.C., Hopf, F.A. & Michod, R.E. (1985) Genetic damage, mutation, and the evolution of sex. Science 229: 1277-81.
Bradshow, A.D., McNeilly, T.S. & Gregory, R.P. (1965) Industrialization, evolution and the development of heavy metal tolerance in plants. British Ecological Society Symposium 5: 327-343.
Brock, M.T. (2004) The potential for genetic assimilation of a native dandelion species, *Taraxacum ceratophorum* (Asteraceae), by the exotic congener *T. offici-*

nale. American Journal of Botany 91: 656-663.
Broyles, S.B. & Wyatt, R. (1991) Effective pollen dispersal in a natural population of *Asclepias exaltata*: the influence of pollination behavior, genetic similarity, and mating success. American Naturalist 138: 1239-1249.
Burt, A. (2000) Perspective: sex, recombination, and the efficacy of selection — was Weismann right? Evolution 54: 337-351.
Caballero, A. (1994) Developments in the prediction of effective population size. Heredity 73: 657-679.
Caswell, H. (1978) A general formula for the sensitivity of population growth rate to changes in life history parameters. Theoretical Population Biology 14: 215-230.
Caughtley, G. (1994) Directions in conservation biology. Journal of Animal Ecology 63: 215-244.
Caughtley, G., Dublin, H. & Parker, I. (1990) Projected decline of the African elephant. Biological Conservation 54: 157-164.
Clements, F.E. (1916) Plant Succession: An Analysis of the Development of Vegetation. Carnegie Institute, Washington D.C.
Coen, E.S. & Meyerowitz, E.M. (1991) The war of the whorls: genetic interactions controlling flower development. Nature 353, 31-37.
Connell, J.H. (1978) Diversity in tropical rain forests and coral reefs. Science 199: 1302-1310.
Connell, J.H. (1979) Tropical rainforests and coral reefs as open non-equilibrium systems. In: Anderson, R.M, Turner, B.D. & Taylor, L.R. (eds.) Population Dynamics. Blackwell, Oxford, pp.141-163.
Corbit, M., Marks, P.L. & Gardescu, S. (1999) Hedgerows as habitat corridors for forest herbs in central New York, USA. Journal of Ecology 87: 220-232.
Crawford, T.J. (1984) What is a population? In: Shorrocks B. (ed.) Evolutionary Ecology, pp.429-454. Blackwell Scientific Publications, Oxford.
Crow, J.F. & Kimura, M. (1965) Evolution in sexual and asexual populations. American Naturalist 99: 439-450.
Cruden, R.W. (1977) Pollen-ovule ratios: a conservative indicator of the breeding systems in the flowering plants. Evolution 31: 32-46.
Curtis, J.T. (1959) The Vegetation of Wisconsin. University of Wisconsin Press, Madison, Michigan.
Dow, B.D. & Ashley, M.V. (1996) Microsatellite analysis of seed dispersal and parentage of saplings in bur oak, *Quercus macrocarpa*. Molecular Ecology 5: 615-627.
Dow, B.D. & Ashley, M.V. (1998) High levels of gene flow in bur oak revealed by paternity analysis using microsatellites. Journal of Heredity 89: 62-70.
Eckert, C.G. & Barrett, S.C.H. (1994) Tristyly, self-compatibility and floral variation in *Decodon verticillatus* (Lythraceae). Biological Journal of the Linnean Society 53: 1-30.
Falconer, D.S. (1998) Introduction to Quantitative Genetics. 3rd edn. Longman, London.
Fenster, C.B. (1991a) Gene flow in *Chamaecrista fasciculate* (Leguminosae). I. Gene

dispersal. Evolution 45: 398-409.
Fenster, C.B. (1991b) Gene flow in *Chamaecrista fasciculate* (Leguminosae). II. Gene establishment. Evolution 45: 410-422.
Franham, R., Ballou, J.D. & Brisocoe, D.A. (2002) Inroduction to Conservation Genetics. Cambridge University Press, Cambridge.
Gause, G.F. (1934) The Struggle of Existence. Macmillan (Hafner Press), New York.
Gerber, S., Chabrier, P., & Kermer, A. (2003) FAMOZ: a software for parentage analysis using dominant, codominant and uniparentally inherited markers. Molecular Ecology Notes 3: 479-481.
Gilpin, M.E. & Soule, M.E. (1986) Minimum viable populations: Processes of species extinction. In: Soule, M.E. (ed.) Conservation Biology. Sinauer Associates, Sunderland, Massachusetts. pp. 19-34.
Gleason, H.A. & Cronquist, A. (1964) The Natural Geography of Plants. Columbia University Press, New York.
Grime, J.P. (1977) Evidence for the existence of three primary strategies in plants and its relevance to ecological and evolutionary theory. American Naturalist 111: 1169-1194.
Grime, J.P. (1979) Plant Strategies and Vegetation Processes. Wiley, New York.
Haddad, N.M. (1999) Corridor and distance effects on interpatch movements: A landscape experiment with butterflies. Ecological Applications 9: 612-622.
Hall, R.L. (1974) Analysis of the nature of interference between plants of different species II. Nutrient relations in a Nandi *Setaria* and Greenleaf *Desmodium* association with particular reference to potassium. Australian Journal of Agricultural Research 35: 749-756.
Hamilton, W. D., Axelrod, R. & Tanese, R. (1990) Sexual reproduction as an adaptation to resist parasites. Proceedings of the National Academy of Sciences, USA 87: 3566-3573.
Hamrick, J.L. & Godt, M.J. (1990) Allozyme diversity in plant species. In: Brwon, A.H.D., Clegg, A.L., Kahler, A.L. & Weir, B.C. (eds.) Plant Population Genetics, Breeding, and Genetic Resources. Sinauer Associates Publisher, Sunderland, Massachusetts. pp. 43-63.
Hanski, I. (1991) Single-species metapopulation dynamics. In: Gilpin, M. & Hanski, I. (eds.), Metapopulation Dynamics: Empirical and Theoretical Investigations, Academic Press, London, pp. 17-38.
Hanski, I., Moilanen, A., Pakkala, T. & Kuussaari, M. (1996) The quantitative incidence function model and persistence of an endangered butterfly metapopulation. Conservation Biology 10: 578-590.
Hanzawa, F.M., Beattie, A.J. & Culver, D.C. (1988) Directed dispersal: demographic analysis of an ant-seed mutualism. American Naturalist 131: 1-13.
Higashi, S., Tsuyuzaki, S., Ohara, M. & Ito. F. (1989) Adaptive advantages of ant-dispersed seeds in the myrmecochorous plant *Trillium tschonoskii* (Liliaceae). Oikos 54: 389-394.
Hurst, L.D. & Peck, J.R. (1996) Recent advances in the understanding of the evolu-

tion and maintenance of sex. Trends in Ecology and Evolution 11: 46-52.
Husband, B.C. & Barrett, S.C.H. (1996) A metapopulation perspective in plant population biology. Journal of Ecology 84: 461-469.
Hutchings, M.J. (1983) Ecology's law in search of a theory. New Scientist 98: 765-767.
Hutchinson, G. E. (1957) Concluding remarks. Cold Spring Harbour Symposium on Quantitative Biology. 22: 415-427.
Isagi, Y., Kanazashi, T., Suzuki, W., Tanaka, H. & Abe, T. (2000) Microstellite analysis of the regeneration process of *Magnolia obovata* Thunb. Heredity 84: 143-151.
Iwao, S. (1968) A new regression method for analyzing the aggregation pattern in animal populations. Research on Population Ecology 10: 1-20.
Iwao, S. (1972) Application of the $\overset{*}{m}$-m method to the analysis of spatial patterns by changing quadrat size. Research on Population Ecology 14: 97-128.
Jones, A.G. & Ardren, W.R. (2003) Methods of parentage analysis in natural populations. Molecular Ecology 12: 2511-2523.
可知直毅 (2004) 生活史の進化と個体群動態. 甲山隆司編著『植物生態学』朝倉書店. pp. 189-233.
Kameyama, Y., Isagi, Y., Naito, K. & Nakagoshi, N. (2000) Microsatellite analysis of pollen flow in *Rhododendron metternichii* var. *hondoense*. Ecological Research 15: 263-269.
Kameyama, Y., Isagi, Y. & Nakagoshi, N. (2001) Patterns and levels of gene flow in *Rhododendron metternichii* var. *hondoense* revealed by microsatellite analysis. Molecular Ecology 10: 205-216.
Kameyama, Y. & Ohara, M (2006) Predominance of clonal reproduction, but recombinant origins of new genotypes in the free-floating aquatic bladderwort *Utricularia australis* f. *tenuicaulis* (Lentibulariaceae). Journal of Plant Research 119: 357-362.
Kameyama, Y., Toyama, M. & Ohara, M. (2005) Hybrid origins and F1 dominance in the free-floating sterile bladderwort, *Utricularia australis* f. *australis* (Lentibulariaceae). American Journal of Botany 92: 469-476.
環境省 (2006) 環境基本計画 環境から拓く新たなゆたかさへの道.
Karban, R., Shiojiri, K., Huntzinger, M. & McCall, A.C. (2006) Damage-induced resistance in sagebrush: volatiles are key to intra- and interplant communication Ecology 87: 922-930.
Kato, Y., Araki, K. & Ohara, M. (2009) Breeding system and floral visitors of *Veratrum album* subsp. *oxysepalum* (Melanthiaceae). Plant Species Biology 24: 42-46.
川窪伸光 (1991) 島嶼における顕花植物の性表現－雌雄異株をめぐって－. 種生物学研究 15: 19-27.
Kawano, S. (1975) The production and reproductive biology of flowering plants. II. The concept of life history strategy in plants. Journal of the Collage of Liberal Arts, Toyama University (Natural Science) 8: 51-86.
Kawano, S. (1985) Life history characteristics of temperate woodland plants in Japan.

In: White, J. (ed.) The Population Structure of Vegetation. Dr. W. Junk Publisher, Dordrecht, pp. 515-549.

Kawano, S. & Kitamura, K. (1997) Demographic genetics of the Japanese beech, Fagus crenata, in the Ogawa Forest Preserve, Ibaraki, Central Honshu, Japan. III. Population dynamics and genetic substructuring within a metapopulation. Plant Species Biology 12: 157-177.

Kim, K-J., Ha, G-S. & Lee, H-L (2000) Introgressive hybridization between native and introduced species of *Taxacum*. American Journal of Botany Supplement. pp. 137.

Kitamura, K., Homma, K., Takasu, H. Hagiwara, S., Utech, F.H., Whigham, D.F. & Kawano, S. (2001) Demographic genetic analyses of the American beech (*Fagus grandifolia* Ehrh.). II. Genetic substructure of populations for the Blue Ridge Peidmont, and the Great Smoky Mountains. Plant Species Biology 16: 219-230.

Kitamura, K. & Kawano, S. (2001) Regional differentiation in genetic components for the American beech, *Fagus grandifolia* Ehrh., in relation to geological history and mode of reproduction. Journal of Plant Research 114: 353-368.

Kitamura, K., Morita, T., Kudoh, H., O'Neill, Utech, F.H., Whigham, D.F. & Kawano, S. (2003) Demographic genetic analyses of the American beech (*Fagus grandifolia* Ehrh.). III. Genetic substructuring of the coastal plain population in Maryland. Plant Species Biology 18: 13-33.

Kitamura, K., O'Neill, J., Whigham, D.F. & Kawano, S. (1998) Demographic genetic analyses of the American beech (*Fagus grandifolia* Ehrh.). Genetic variations of seed populations in Maryland. Plant Species Biology 13: 147-154.

Kitamura, K., Takasu, H., Hayashi, K., Ohara, M., Ohkawa, T., Utech, F.H. & Kawano, S. (2000) Demographic genetic analyses of the American beech (*Fagus grandifolia* Ehrh.) I. Genetic substructurings of northern populations with root suckers in Quebec and Pennsylvania. Plant Species Biology 15: 43-58.

Kondrashov, A.S. (1988) Deleterious mutations and the evolution of sexual reproduction. Nature 336: 435-440.

Krebs, C.J. (1999) Ecological Methodology. Addision Wesley Longman, Menlo Park, California.

Krebs, C.J. (2001) Eology. 5th edn. Benjamin Cummings, California.

Kurabayashi, M. (1958) Evolution and variation in Japanese species of *Trillium*. Evolution 12: 286-310.

教育課程審議会答申 (1998) 幼稚園，小学校，中学校，高等学校，盲学校，聾学校及び養護学校の教育課程の基準の改善について．

Landres, P.B., Verner, J. & Thomas, J.W. (1988) Ecological uses of vertebrate indicator species: A critique. Conservation Biology 2: 316-328.

Law, R. (1975) Colonization and the evolution of life histories in *Poa annua*. Ph D Dissertation, University of Liverpool, Liverpool, England.

Leslie, P.H. (1945) On the use of matrices in population mathematics. Biometrika 33: 183-213.

Levin, D.A. & Kerster, H.W. (1974) Gene flow in seed plants. Evolutionary Biology 7:

139-220.
Lloyd, M. (1967) Mean crowding. Journal of Animal Ecology. 36: 1-30.
Lord, E.M. (1981) Cleistogamy: a tool for the study of floral morphogenesis, function and evolution. Botanical Review. 47: 421-449.
Marshall, T.C., Slate, J., Kruuk, L.E.B. & Pemberton, J.M. (1998) Statistical confidence for likelihood-based paternity inference in natural populations. Molecular Ecology 7: 639-655.
丸山茂徳・磯崎行夫 (1998) 『生命と地球の歴史』岩波新書.
松井孝典 (1990) 『地球=誕生と進化の謎』講談社現代新書.
Maynard Smith, J (1971) What use is sex? Journal of Theoretical Biology 30: 319-335.
Maynard Smith, J. (1978) The Evolution of Sex. Cambridge University Press, Cambridge.
McNeilly, T.S. (1968) Evolution in closely adjacent plant population, III. *Agrostis tenuis* on a small copper mine. Heredity 23: 99-108.
Meagher, T.R. (1986) Analysis of paternity within a natural population of *Chamaelirium luteum* I. Identification of most-likely male parents. American Naturalist 127: 199-215.
Meeuse, B. & Morris, S. (1984) The Sex Life of Flower. Faber and Faber, London.
Meffe, G.K. & Carroll, C.R. (1997) Principles of Conservation Biology, 2nd edn. Sinauer, Sunderland, Masachusettes.
Michod, R.E. (1995) Eros and Evolution: A Natural Philosophy of Sex. Addison-Wesley Publishing Company, Reading, Massachusetts.
Miller, S.L. (1953) A production of amino acids under possible primitive earth conditions. Science 117: 528-529.
Miller S. L. & Urey, H. C. (1959) Organic compound synthesis on the primitive earth. Science 130: 245-251.
文部科学省 (1989) 小学校学習指導要領.
http://www.mext.go.jp/a_menu/shotou/youryou/101/index.htm
文部省 (1992) 環境教育指導資料－小学校編.
Morishita, M. (1959) Measuring of dispersion of individuals and analysis of the distributional patterns. Memories of Faculty of Science, Kyushu Unversity, Series E. 2: 215-235.
Murray, M.G. & Thompson, W.F. (1980) Rapid isolation of high molecular weight plant DNA. Nucleic Acids Research 8: 4321-4325.
中村重太 (1996) 理科の教育. 日本理科教育学会 45: 4-6.
Nei, M. (1987) Molecular Evolutionary Genetics. Columbia University Press, New York.
Nichols, A.O. & Margules, C.R. (1991) The design of studies to demonstrate the biological importance of corrido. In: Saunders, D.A. & Hobbs, R.J. (eds.) Nature Conservation 2: The Role of Corridors. Surrey Beatty and Sons, Chipping Norton, Australia.
Niklas, K.J. (1997) The Evolutionary Biology of Plants, The University of Chicago Press, Michigan.

Nilsson, L.A., Rabakonandrianina, E. & Petersson, B. (1992) Exact tracking of pollen transfer and mating in plants. Nature 360: 666-668.
Noss, R.F. (1990) Indicators for monitoring biodiversity: A hierarchical approach. Conservation Biology 4: 355-364.
Ohara, M. & Higashi, S. (1987) Interference by ground beetles with the dispersal by ants of seeds of *Trillium* species (Liliaceae). Journal of Ecology 75: 1091-1098.
Ohara, M. & Kawano, S. (1986) Life history studies on the genus *Trillium* (Liliaceae) IV. Stage class structures and spatial distribution of four Japanese species. Plant Species Biology 1: 135-145.
Ohara, M., Takada, T. & Kawano, S. (2001) The demography and reproductive strategies of a polycarpic perennial, *Trillium apetalon* (Trilliaceae). Plant Species Biology 16: 209-217.
Ohara, M., Takeda, H., Ohno, Y. & Shimamoto, Y. (1996) Variations in the breeding system and the population genetic structure of *Trillium kamtschaticum* (Liliaceae). Heredity 76: 476-484.
Ohara, M, Tomimatsu, H., Takada, T. & Kawano, S. (2006) Importance of life history studies for conservation of fragmented populations: A case study of the understory herb, *Trillium camschatcense*. Plant Species Biology 21: 1-12.
Ohara, M. & Utech, F.H. (1986) Life history studies on the genus *Trillium* (Liliaceae) III. Reproductive biology of six sessile-flowered species occurring in the southeastern United States with special reference to vegetative reproduction. Plant Species Biology 1: 135-145.
Paterniani, E. & Short, A.C. (1974) Effective maize pollen dispersal in the field. Euphytica 23: 129-134.
Pearl, R. (1928) The Rate of Living. Knopf, New York.
Pianka, E.R. On r and *K* selection. American Naturalist 104: 592-597.
Primack, R.B. (1995) A Primer of Conservation Biology. Sinauer Associate Inc., Sunderland, Massachusetts.
Raup, D.M. & Sepkoski, J. J. Jr. (1984) Periodicity of extinctions in the geologic past. Proceedings of the National Academy of Science, USA 81: 801-805.
Raven, P.H., Johnson, G.B., Losos, J.B. & Singer, S.R. (2005) Biology 7th ed. McGraw Hill, New York.
Richardson, B.J., Baverstock, P.R. & Adams, M. (1986) Allozyme Electrophoresis: A Handbook for Animal Systematics and Population Studies. Academic Press, San Diego, California.
Ricklefs, R.R. (2007) The Economy of Nature. W.H. Freeman & Company, San Francisco.
Ridley, M. (1995) The Red Queen: Sex and the Evolution of Human Nature. Penguin Books, New York.
Rocha, O.J. & Stephenson, A.G. (1991) Effects of nonrandom seed abortion on progeny performance in *Phaseolus coccineus* L. Evolution 45: 1198-1208.
Schwaegerle, K.E. & Schaal, B.A. (1979) Genetic variability and founder effect in the pitcher plant *Sarracenia purpurea* L. Evolution 33: 1210-1218.

Shaffer, M.L. (1981) Minimum population sizes for species conservation. Bioscience 31: 131-134.

Shibaike, H., Akiyama, H., Uchiyama, S. Kasai, K. & Morita, T. (2002) Hybridization between European and Asian dandelion (*Taraxacum* section *Ruderalia* and section *Mongollica*) 2. Natural hybrids in Japan detected by chloroplast DNA marker. Journal of Plant Research 115: 321-328.

芝池博幸 (2007) タンポポ調査と雑種性タンポポ. 種生物学会編『農業と雑草の生態学』文一総合出版, pp. 115-119.

嶋田正和・山村則男・粕谷英一・伊藤嘉昭 (2005)『動物生態学 新版』海游舎.

Silvertown, J.W. (1987) Introduction to Plant Population Ecology (2nd ed). Longman, London.

シルバータウン, J.W. (1992)『植物の個体群生態学(第2版)』河野昭一・高田壮則・大原雅(共訳)東海大学出版会.

Snow, A.A. & Whigham, D.F. (1989) Cost of flower and fruit production in *Tipularia discolor*. Ecology 70: 1286-1293.

Soltis, D.E. & Soltis, P.S. (1989) Isozymes in Plant Biology. Dioscorides Press, Portland, Oregon.

Stenberg, P., Lundmark, M. & Saura, A. (2003) MLGsim: a program for detecting clones using a simulation approach. Molecular Ecology Notes 3: 329-331.

Streiff, R., Ducousso, A. Lexer, C., Steinkellner, H., Gloessl, J. & Kremer, A. (1999) Pollen dispersal inferred from paternity analysis in a mixed oak stand of *Quercus robur* L. and *Q. petracea* (Matt.) Liebl. Molecular Ecology 8: 831-841.

Sutherland, S. & Delph, L.F. (1984) On the importance of male fitness in plants: patterns of fruit-set. Ecology 65: 1093-1104.

Suyama, Y., Obayashi, K & Hayashi, I. (2000) Clonal structure in a dwarf bamboo (*Sasa senanensis*) population inferred from amplified fragment length polymorphism (AFLP) fingerprints. Molecular Ecology 9: 901-906.

種生物学会編 (2001)『森の分子生態学』文一総合出版.

Taggert, J.B., McNally, S.F. & Sharp, P.M. (1990) Genetic variability and differentiation among founder populations of the pitcher plant (*Saracenia purpurea* L.) in Ireland. Heredity 64: 177-183.

高田壮則 (2005) 植物の生活史と行列モデル. 種生物学会編『草木を見つめる科学』文一総合出版, pp. 85-110.

田中 肇 (1997)『花と昆虫がつくる自然』保育社.

Tansley, A.G. (1917) On competition between *Galium saxatile* L. (*G. hercynium* Weig.) and *Galium sylvestre* Poll. (*G. asperum* Schreb.) on different types of soil. Journal of Ecology 5: 173-179.

Tansley, A.G. (1939) The British Islands and Their Vegetation. Cambridge University Press, Cambridge.

Tilman, D. (1977) Resource competition between planktonic algae: An experimental and theoretical approach. Ecology 58: 338-348.

Tilman, D. (1982) Resource Competition and Community Structure. Princeton University Press, Princeton, New Jersey.

戸部　博 (1994)『植物自然史』朝倉書店.

Tomimatsu, H. & Ohara, M. (2002) Effects of forest fragmentation on seed production of the understory herb, *Trillium camschatcense* (Trilliaceae). Conservation Biology 16: 1277-1285.

Tomimatsu, H. & Ohara, M. (2003a) Floral visitors of *Trillium camschatcense* (Trilliaceae) in fragmented forests. Plant Species Biology 18: 123-127.

Tomimatsu, H. & Ohara, M. (2003b) Genetic diversity and local population structure of fragmented populations of *Trillium camschatcense* (Trilliaceae). Biological Conservation 109: 249-258.

Tomimatsu, H. & Ohara, M. (2004) Edge effects on recruitment of *Trillium camschatcense* in small forest fragments. Biological Conservation 117: 509-519.

Tomimatsu, H. & Ohara, M. (2006) Evaluating the consequences of habitat fragmentation in plant populations: a case study in *Trillium camschatcense*. Population Ecology 48: 189-198.

Townsend, C.R., Scarsbrook, M.R. & Doledec, S. (1997) The intermediate disturbance hypothesis, refugia, and biodiversity in streams. Limnology and Oceanography 42: 938-949.

Turner, M.E., Stephens, J.C. & Anderson, W.W. (1982) Homozygosity and patch structure in plant populations as a result of nearest-neighbor pollination. Proceedings of the National Academy of Sciences USA 79: 203-207.

Watson, N.H.F. (1974) Zooplankton of the St. Lawrence Great Lakes - species composition, distribution, and abundance. Journal of the Fisheries Research Board of Canada 31: 783-794.

Watt, A.S. (1947) Pattern and process in the plant community. Journal of Ecology 35: 1-22.

Weller, D.E. (1987) A re-evaluation of the $-3/2$ power rule of plant self-thinning. Ecological Monographs 57: 23-43.

Weller, D.E. (1991) The self-thinning rule: Dead or unsupported? $-$ a reply to Lonsdale. Ecology 72: 747-750.

Westemeier, R.L., Brawn, J.D., Simpson, S.A., Esker, T.L., Jansen, R.W., Walk, J.W., Kershner, E.L., Bouzat, J.L. & Paige, K.N. (1998) Tracking the long-term decline and recovery of an isolated population. Science 282: 1695-1697.

Westoby, M. (1984) The self-thinning rule. Advances in Ecological Research 14: 167-225.

White, J. (1980) Demographic factors in populations of plants. In: Solbrig, O.T. (ed.) Demography and Evolution in Plant Populations. Blackwell Scientific Publication pp. 21-48.

Whittaker, R.H. (1953) A consideration of climax theory: The climax as a population and pattern. Ecological Monographs 26: 1-80.

Whittaker, R.H. (1956) Vegetation of the Great Smoky Mountains. Ecological Monographs 26: 1-80.

Whittaker, R.H. (1960) Vegetation of the Siskikyou Mountains, Oregon and California. Ecological Monographs 30: 279-338.

Williams, G.C. (1975) Sex and Evolution. Princeton University Press. Princeton, New Jersey.
Wright, S. (1931) Evolution in Mendelian populations. Genetics 16: 97-159.
Wright, S. (1952) The theoretical variance within and among subdivisions of a population that is in a steady state. Genetics 37: 312-321.
Wright S. (1969) Evolution and the Genetics of Populations II. The Theory of Gene Frequencies. University of Chicago Press, Chicago.
矢原徹一 (1988) 酵素多型を用いた高等植物の進化学的研究－最近の進歩. 種生物学研究 12: 67-88.
山口陽子 (1991) マタタビの蜂寄せ作戦. 光珠内季報 85: 9-13.
Yoda, K., Kira, T., Ogawa, H. & Hozumi, K. (1963) Self-thinning in overcrowed pure stands under cultivated and natural conditions. Journal of Biology, Osaka City University 14: 107-129.
Young, A.G. & Clarke, G.M. (2000) Genetics, Demography and Viability of Fragmented Populations. Cambridge University Press, Cambridge.
財団法人日本環境教育フォーラム編 (2000)『日本型環境教育の提案（改訂新版）』.

索　引

(太字は用語の解説や説明のある頁を示す)

あ 行

r-選択 (r-戦略)　59, 61
アイソザイム分析　114, **125-127**, 129, 139, 142-143
アイデンティティ遺伝子　43-45
アポミクシス　40, **79-80**, 83
荒れ地戦略　61
アロザイム　114, **126**, 128, 133, 161-162
アンブレラ種　35
異型花柱性　40, **96-97**
移行帯　23
異数倍数体　125
一年生植物　**41-42**, 53, 104, 116
一回繁殖型　40, **42**, 67
　　多年生植物　42, 139-142
遺伝子型　51, 86, 88, 95-96, **108-110**, 126-128, **130-134**, 142-147
遺伝子型頻度　107-111
遺伝子座　87, 108-109, 113, 126, 128-130, **134**, 138, **148**, 161-162
遺伝子多様度　108-109
遺伝子頻度　51, **107-112**, 119-120, 122
遺伝子流動　**111-120**, 126, 151, 164
遺伝的近隣個体　112-116
遺伝的多様性　86, **108-109**, 118, 126, 139, 143, **148**, 152, 159, 161, 164
遺伝的浮動　120-122, 162
遺伝的分化　109, 126, 136, 159
遺伝的変異　107-108, 121, 126, 136, 138-139, 162
　　の減少　120, 151
遺伝的劣化　161
栄養繁殖　40, 69, **79-85**, **139-143**
AFLP分析　131-133
ABCモデル　44-45
エコトーン (推移帯)　22-23

か 行

F統計量　148
オスカー症候群　62
雄機能　105
雄花　**46-47**, 92, 94, 101, 112

開放花　40, **97**, 100, 117
外来種　80-81, 83, 153, 165
学習指導要領　165-166
花粉管　43, 95-96, **98-99**
花粉制限　103-105
花粉媒介者　15, **101-103**, 112, **114-116**, 120
環境教育　150, **165-177**
　　指導資料　166-167, 171
環境傾度 (分析)　**20-23**, 37
環境収容力　56-59
環境変動　120, 151-152, 156
間接効果　34
感度分析　74
カンブリア紀爆発　9, 11
キーストーン種　34-36
偽花粉　101
擬似一年草　85
希少種　50, 120
規則 (一様) 分布　40, **76**, 78
ギャップ結合　12-13
ギャップ動態　38, 62
共進化　32
共生　10, **32-34**, 37, 40
　　相利共生　33
　　片利共生　33
競争　22, **26-31**, **57-60**, 68, 71, 76, 78, 120, 151
　　干渉的競争　27
　　競争戦略　60

競争排除則　28-29
共存　**26-31**, 77
共優性　95, 128, 131, 133, **134**
極相　**37-38**, 59
極相群落　20
極相パターン説　37
近交係数　40, 119, **148**
近交弱勢　**93-94**, 119, 125, 164
近親交配　93-94, **119-120**, 122, 151-152
クローナル植物　**48**, 135, **143-147**
クローン　91, 97, 125, 131, 133, 145, 147
クローン成長　82, 104, 112, 143, 145-146
クローンの断片化　48-49
K-選択（K-戦略）　58-60
K/T 境界　155-156
結果率　103-106
結実率（S/O 比）　103-106, 145
原核生物　**5-8**, 10-11
原始大気　1
原始地球　1
個体群構造　40, **51**, 76, 135, **160-162**
　　遺伝構造　51, 107, 123, 125, 127, 135, 143, 162
　　空間構造　51, **76-78**, 116, 125
　　ステージ（サイズ）構造　51, **61-65**
　　齢構造　51, **61**, 127
個体群成長率　55-57, 74-75
個体群増加率　54, 56
個体群統計学　52
個体群統計学的変動　120, 151
個体群統計学的要因　162-163
個体群の存続可能性　120, 151, **162-163**
固定結合　12-13
固定指数　126, 138, 148
個別概念　19

■　さ　行　■
最小個体群サイズ（MVP）　120
細胞間コミュニケーション　12
細胞内共生　10
在来種　80-81
雑種形成　125
三型花柱性　96-97
C-S-R 戦略モデル　60-61
CTAB 法　134
ジェネット　**48-49**, 104, 131, 143-147

自家受粉　91, 94, 100, 104, 119, 144
　　自動自家受粉　140
　　遅延自家受粉　94
自家不和合性　40, **95-97**, 104, 137, 144, 157
　　異形花型自家不和合性　95-96
　　同形花型自家不和合性　95
　　配偶体型自家不和合性　95
　　胞子体型自家不和合性　95-96
自家不和合性制御遺伝子　95
自家和合性　40, 94, **97**, 120, 139-140
シグモイド成長曲線　65-57
資源　22, 26, 23-31, 41, 56, 58, 60-61, 76, 156, 159
資源制限　103
資源投資（コスト）　92, 103-105
資源配分連続モデル　22
自己間引き則　57-58
自殖　40, 79, **91-97**, 100, 105, 115, 119-120, 139, 143
自殖率　115, 126
指数関数的成長曲線　55-56
雌性先熟　95
雌性両全性異株　47
自然選択　94, 109, 111, 114, **122-123**
指導書　168-169, **174-175**, 176
指標種　34-36
死亡率　40, **52-57**, 71, 78, 83, 117, 120, 151, 157, 160
弱有害遺伝子　93-94
雌雄異株　40, **47**, 92
雌雄異熟　40, **94**
集中分布　40, **76**, 78
雌雄同株　40, **47**
雌雄離熟　40, **94**, 96
種子休眠　40, 69
　　一次休眠　69
　　自発休眠　69
　　二次休眠　69
　　誘導休眠　69
種子散布　83, 116-117, 119
種子繁殖　84, 137, 139, 140, 142, 143, 146, 157
出生率　**52**, 54-57, 120, 151
象徴種　**35**
植食者誘導性揮発性物質　32

索　引

植物間コミュニケーション　　32
人為選択　　123
真核生物　　3, 5, **6-7**, 10
進化的軍拡競争　　9, 31
浸透性交雑　　125
推移確率行列　　**66-68**, 72-73, 74-75
生活史戦略　　58-61
制限酵素　　134
性差　　89
性選択　　88-89
生息地の分断・孤立化　　153, **154**, 157-158, 159-164
生存曲線　　**52-54**, 55, 59, 65
生存率　　40, 52-53, 66-67, 72-73, 75, 76, 127, 157, 160-161
性的二型　　89
性転換　　**47**, 48
性表現　　40, **46-48**
生命表　　52-54
絶滅　　28, 151, 153, 155-156, 159, 164, 165
絶滅危惧種　　120
絶滅の渦　　151-152
遷移　　20, **36-37**, 38, 59, 92
　　一次遷移　　36, 37
　　二次遷移　　36
先駆植物　　37
全体論的概念　　19
選択的中絶　　106
総合的な学習の時間　　166, 174-175
創始者効果　　118, 162
ソース・シンクメタ個体群　　159

■■■　た　行　■■■

大規模絶滅　　16, 155-156
耐ストレス戦略　　60
大陸移動　　14-15, 17
対立遺伝子　　93, 95, 96, 107-1221, 130, **134**, 148, 161, 162
対立遺伝子数　　38, 148, 153, 162
対立遺伝子頻度　　108-109, 111-112, 120, 122
多回繁殖型　　40, **42**
　　多年生植物　　42, 66, 136-139
他家受粉　　91, 104, 119, 144
多極相説　　37
多型遺伝子座　　138, 148

多細胞生物　　3, **8-9**, 12
他殖　　91-94, 97, 100, 105, 116, 138, 139, 146, 157
他殖率　　116
多年生植物　　**41-42**, 48, 66, 68, 85, 104, 126, 135-147, 170, 176
短花柱花　　96-97
単極相説　　37
単性花　　40, **46**, 105
単性個体　　40, **47**
弾性力分析　　74
地下茎　　40, **81-82**, 84, 104
　　塊茎　　49, 81-82
　　球茎　　49, 81-82
　　根茎　　81-82
　　鱗茎　　81-82
地下匍匐枝　　40, **83**
致死遺伝子　　93-94
中花柱花　　96-97
虫媒花　　92, 157
長花柱花　　96-97
超大陸パンゲア　　14-15, 156
重複受精　　98
適応戦略　　100
盗蜜　　102
同齢集団　　**52**, 55, 65
突然変異　　45, 88, 93, 94, 107, 109, **111**, 121, 131

■■■　な　行　■■■

内的自然増加率　　**55**, 59
二型花柱性　　96
二次性徴形質　　89
二次的化学物質　　31
ニッチ　　26
　　基本ニッチ　　27
　　実現ニッチ　　27-29
二年生植物　　40, **41**, 42
　　可変的二年草　　41
　　真性二年草　　41
3/2乗則　　57
任意交配　　93, 107-109, 110-111, 148

■■■　は　行　■■■

ハーディー・ワインバーグ平衡　　40, **107-112**, 119, 120, 123, 139, 148

排除分析　　129, 130
花の器官形成　　43-45
繁殖戦略　　11, 60
ハンディキャップ仮説　　89
P/O比　　**97**, 98, 100
PCR　　**134**
P/T境界　　155-156
表現型　　93, 95, 96, 110, 134
びん首効果　　122
父系解析　　114, 115, **127-131**
プライマー　　132, 133, 134
閉鎖花　　40, 91, **97-100**, 117
ヘテロ接合　　93, 108, 110-111, 119, 121, **134**, 138
ヘテロ接合度　　122, 148, 161
　観察値　　148
　期待値　　148
萌芽　　40, **82-83**
訪花昆虫　　100, 105, 115, 138, 145, 158, 160
豊凶　　42
捕食　　9, 26, **31-32**, 34, 60, 72, 89, 120, 151
保全生態学（生物学）　　35, 120, 122, 151, 159
匍匐枝　　40, **81**, 94, 108
ホモ接合　　93-94, 108, 110-111, 119, 122, **134**
ポリネーション・シンドローム　　100-103

■ ま 行 ■

マイクロサテライトマーカー　　115, 118, **127-131**, 132, 133, 145
埋土種子　　40, 69, 127
密着結合　　12-13
密度依存的効果　　57

ミトコンドリア　　7, 8, 10-11
むかご　　40, 82, **83**, 84
無性生殖　　40, **79-88**
メタ個体群　　125, 159
雌花　　**46-47**, 92, 94, 105, 112

■ や 行 ■

有害遺伝子　　88, 93, 164
有効集団サイズ　　120-122
有性生殖　　40, 79-89, 91
雄性先熟　　95
有性繁殖　　40, **49**, 79, 83-85, 87
雄性両全性異株　　47, 101
誘導防衛反応　　31-32
葉緑体　　7, 8, 10-11

■ ら 行 ■

ラメット　　**48-49**, 104, 143-147
ラン藻　　5-6
ランダムサンプリング　　126
ランダム（機械的）分布　　40, **76**, 78
ランナウェイ仮説　　89
理科教育　　166-175
リザーブ仮説　　104
両掛け戦略　　100
両性花　　40, **46**, 91, 94, 101, 105, 107
両性個体　　40, **47**, 91-92, 94, 119
両全性個体　　47
臨界サイズ　　65
隣花受粉　　**91**, 104, 115, 120, 144
類似度指数　　24-25
劣性遺伝子　　93, 122, 134
連絡結合　　12-13
ロード・キル　　164
ロジスティック成長曲線　　56

■ 著者紹介

大原　雅（おおはら　まさし）　理学博士
  1958 年　札幌市生まれ
  1985 年　北海道大学大学院環境科学研究科博士課程単位取得退学
  現　在　北海道大学大学院地球環境科学研究院教授
  専　門　植物生態学，生態遺伝学，生態保全学
  主な著書
    『植物の個体群生態学』（共訳，東海大学出版会）
    『生態学からみた北海道』（分担執筆，北海道大学図書刊行会）
    『世界のエンレイソウ』（共著，海游舎）
    『花の自然史』（編著，北海道大学図書刊行会）
    『草木を見つめる科学』（編著，文一総合出版）
    『植物生活史図鑑』（共著，北海道大学図書出版会）ほか

植物の生活史と繁殖生態学
2010年3月25日　初版発行

著　者　　大原　雅

発行者　　本間喜一郎
発行所　　株式会社 海游舎
　　　　　〒151-0061 東京都渋谷区初台1-23-6-110
　　　　　電話 03 (3375) 8567　FAX 03 (3375) 0922

印刷・製本　凸版印刷 (株)

© 大原 雅 2010

本書の内容の一部あるいは全部を無断で複写複製することは，著作権および出版権の侵害となることがありますのでご注意ください。

ISBN978-4-905930-42-6　　PRINTED IN JAPAN